全国优秀教材二等奖

"十四五"职业教育国家规划教材

浙江省普通高校"十三五"新形态教材

高职高专建筑设计专业"互联网+"创新规划教材

全新修订

居住区规划设计

（第二版）

张　燕　/主　编

鲁　琼　葛秀萍　王　涛　/副主编

张　艳　刘　娟　/参　编

北京大学出版社

PEKING UNIVERSITY PRESS

内容简介

本书从高职学生的学习思维模式出发，构建了基于工作过程导向的教学内容，按照居住区规划设计的工作流程，将教材分成10大模块：模块1为基本知识，模块2为调研与分析，模块3～模块8为设计构思，模块9为综合技术经济指标分析，模块10为居住区规划成果绘制与表达。书中内容将规范合理穿插其中，同时引用大量国内外最新设计案例，内容直观而又生动，使学生切实了解时下行业的发展动态。

本书采用全新体例编写，除附有大量工程案例外，还增加了模块导读、引例、特别提示等，此外，每个模块还附有综合实训供读者练习。通过对本书的学习，读者可以掌握居住区规划设计的基本理论和设计方法，具备一定自行编制居住区规划设计方案的能力。

本书可作为高等职业学校或本科院校建筑设计技术专业、城镇规划、城乡规划管理类专业及其相关专业的教材或参考用书；对建筑设计人员及房地产管理者也有一定参考价值，可作为行业的资料用书。

图书在版编目(CIP)数据

居住区规划设计 / 张燕主编．—2版．—北京：北京大学出版社，2019．5

高职高专建筑设计专业“互联网+”创新规划教材

ISBN 978-7-301-30133-3

Ⅰ．①居…　Ⅱ．①张…　Ⅲ．①居住区—城市规划—设计—高等职业教育—教材　Ⅳ．①TU984.12

中国版本图书馆CIP数据核字(2018)第283692号

书　　名　居住区规划设计（第二版）
JUZHUQU GUIHUA SHEJI（DI-ER BAN）

著作责任者　张　燕　主编

策划编辑　刘健军

责任编辑　刘健军

数字编辑　蒙俞材

标准书号　ISBN 978-7-301-30133-3

出版发行　北京大学出版社

地　　址　北京市海淀区成府路205号　100871

网　　址　http://www.pup.cn　新浪微博：@北京大学出版社

电子邮箱　编辑部 pup6@pup.cn　总编室 zpup@pup.cn

电　　话　邮购部 010-62752015　发行部 010-62750672　编辑部 010-62750667

印 刷 者　三河市北燕印装有限公司

经 销 者　新华书店

787毫米×1092毫米　16开本　13.5印张　316千字

2012年8月第1版　2019年5月第2版

2024年5月修订　2024年6月第8次印刷（总第14次印刷）

定　　价　59.00元

前　言

Preface

《居住区规划设计》（第一版）于 2012 年出版，随着时代的飞速发展，行业规范快速地进行新旧更替，《城市居住区规划设计标准》GB50180–2018 于 2018 年 12 月 1 日实施。教材编写团队结合行业的发展趋势、行业新规范新标准和当前信息时代的教学改革需求，完成了《居住区规划设计》（第二版）的编写工作。

为适应 21 世纪职业技术教育发展的需要，本书突出职业教育注重技能培养的特点，从高等职业学校学生的学习思维模式出发，借助纸质载体，融合移动互联网技术，对内容编排进行了全新的尝试，构建了基于工作过程导向的教材。同时以显性的专业知识技能为媒介，建立了全过程多环节引导的隐性课程思政体系，是将纸质教材和数字化资源、专业知识技能与思政深度融合的新形态一体化教材。

本书按照居住区规划设计的工作流程，将基本知识、调研分析、设计构思、成果制作等内容清晰地串联起来。本书中模块 3～模块 8 为规划区设计构思的主体内容部分，以设计项目为载体，将理论知识与岗位技能融为一体，同时将行业规范合理地穿插其中，让读者在设计中熟悉行业规范，实现学习与就业的零距离对接。本书内容丰富，采用国内外大量最新优秀项目案例，直观而生动的同时，学习内容与产业发展及国际接轨，使学生切实了解时下的行业动态。

本书内容可按照 80～96 学时安排，推荐学时分配：模块 1 为 4 学时，模块 2 为 8 学时，模块 3～模块 9 为 44～60 学时，模块 10 为 24 学时。教师可根据不同专业灵活安排学时。

浙江同济科技职业学院张燕担任本书主编，负责模块 5、模块 9 与模块 10 的编写任务，并负责全书内容的修改、完善和统稿工作；湖北城市建设职业技术学院鲁琼担任本书副主编，负责模块 1 及模块 3 的编写任务；浙江同济科技职业学院葛秀萍担任本书副主编，负责模块 2 及模块 6 的编写任务；中粮地产王涛担任本书副主编，负责模块 4 的编写任务；浙江同济科技职业学院张艳负责本书模块 8 的编写任务；湖北城市建设职业技术学院刘娟负责本书模块 7 的编写任务。

在本书的编写过程中，编者参考和引用了国内外大量工程实例，如重庆水榭花都规划设计、佛山山水家园规划设计、广州金沙花城规划设计等，版权归原设计者所有，在此谨向原设计者表示衷心感谢。

由于编者编写时间仓促，水平有限，书中难免存在不足和疏漏之处，敬请广大读者批评指正（联系邮箱为 77202178@qq.com），以便今后改进，在此一并表示衷心感谢。

编　者

2021.11

资源索引

本课程思政元素

本书的课程思政元素从“格物、致知、诚意、正心、修身、齐家、治国、平天下”中国传统文化角度着眼，再结合社会主义核心价值观“富强、民主、文明、和谐、自由、平等、公正、法治、爱国、敬业、诚信、友善”设计出课程思政的主题。然后紧紧围绕“价值塑造、能力培养、知识传授”三位一体的课程建设目标，在课程内容中寻找相关的落脚点，通过案例、知识点等教学素材的设计运用，以润物细无声的方式将正确的价值追求有效地传递给读者。

本书的课程思政元素设计以“习近平新时代中国特色社会主义思想”为指导，运用可以培养大学生理想信念、价值取向、政治信仰、社会责任的题材与内容，全面提高大学生缘事析理、明辨是非的能力，把学生培养成为德才兼备、全面发展的人才。

每个思政元素的教学活动过程都包括内容导引、展开研讨、总结分析等环节。在课程思政教学过程，老师和学生共同参与其中，在课堂教学中教师可结合下表中的内容导引，针对相关的知识点或案例，引导学生进行思考或展开讨论。

模块	页码	内容导引	思考问题	课程思政元素
模块 1	003	我国居住区的演变历史	1. 你从小生活的居住环境有什么变化? 2. 你认为这种积极的变化是什么因素主导的?	爱国
	003	居住区用地构成	1. 快速阅读《城市居住区规划设计标准》2018 和 2002 年版的居住区分级控制规模部分，你找到不同之处了吗? 2. 谈谈你的感受	法治 敬业
模块 2	024	模块导读	1. 没有调查就没有发言权是谁的著名论断? 2. 你认可没有调查的重要性吗? 谈谈你的感想?	敬业
	025	居民调查	居民的意见对于设计师规划居住区是有帮助的吗?	文明、 和谐、 友善
	029	场地条件调查	项目基地所在地方的地理、气候、风土等自然精神和它所孕育的人文精神对居住区规划有哪些方面的影响?	弘扬优秀的中国传统文化
	036	综合实训	小组分工调研，你会扮演什么角色?	团队合作和沟通
模块 3	042	集约式布局形态	你认为哪一种布局形态更有利于节地?	专业素养

续表

模块	页码	内容导引	思考问题	课程思政元素
模块 4	053	按建筑风格分类	在规划的居住区内你会偏向设计哪一种建筑风格的住宅建筑。	弘扬优秀的中国传统文化
	056	住宅建筑平面及竖向选型	1. 你对装配式建筑有什么了解? 2. 有没有参观过装配式建筑工厂或工地? 3. 你认为装配式建筑的意义何在?	标准化 工业化 他山之石
模块 5	075	模块导读	居住区配套设施中你会设计哪些宜老设施?	社会关怀 友善
模块 6	102	人车部分分流	居住区人车混行和人车分流二种交通组织模式中，哪种是当下的规划潮流?	以人为本、 文明、和谐、友善
模块 7	118	绿地景观设计的基本设计手法	你知道的中国古典园林都有哪些?	民族自豪感 弘扬优秀的中国传统文化
模块 8	140	设计标高	1. 你生活的居住区雨污分流了吗? 2. 为什么要进行雨污分流?	国际视野 能源意识
模块 9	160	居住区控制指标	你的居住区有没有按照控制指标来规划设计?	职业素养
模块 10	169	模块导读	1. 你掌握了几门计算机绘图软件? 2. 你能熟练运用绘图软件进行方案的表现吗?	专业水准
	197	综合实训	1. 为什么要进行项目训练? 2. 项目课程要达到什么样的目的?	职业规划 工作能力

目　录

Contents

模块 1

基本知识

教学目标

通过对本模块的学习，学生可以了解居住区用地的构成，居住区的类型和规模，居住区规划设计的编制程序、内容和成果；掌握居住区规划设计的原则和要求。

教学要求

能力目标	知识要点	权 重	自测分数
掌握居住区用地的构成	各类用地的构成	20%	
掌握居住区的类型	居住区的典型类型	15%	
了解居住区的规模组成	居住区的规模构成要素	15%	
了解规划设计的原则	居住区设计基本原则	15%	
熟悉规划设计的工作要求	居住区规划设计的工作要求	20%	
掌握规划设计编制成果和要求	居住区的编制成果内容及要求	15%	

模块导读

党的二十大报告指出，必须坚持在发展中保障和改善民生，鼓励共同奋斗创造美好生活，不断实现人民对美好生活的向往。随着我国居民生活水平的不断提高，人们对居住区的建筑、景观环境以及配套设施等方面的要求也在日益提高，如图 1.1、图 1.2 所示。作为当代设计师，我们如何设计出高品质、高质量的居住区来满足人民群众对美好生活的向往呢？

滇池卫城规划设计

图 1.1　滇池卫城规划设计

柳州“森林城市”住宅设计

图 1.2　柳州“森林城市”住宅设计

通过对本模块的学习，学生能初步了解居住区的基本知识，并通过对佛山山水家园规划设计的详细解读，基本掌握做一个高质量的居住区规划设计方案的基本步骤和内容。

我国居住区演变历史

我国居住区规划建设经历了一个漫长的阶段，早在周代就出现了居住区的雏形——“里”，经过封建社会的发展演变，在唐代形成了管理严格、等级鲜明的“坊”间制，明清时代作为我国封建社会的晚期，由于商业的发展，居住区逐步以街巷划分；进入 20 世纪以后，受西方发达国家城市建设思潮的影响，邻里单位规划被广泛采用，如图 1.3 所示，功能分区思想逐步被规划所运用，逐步形成以居住区为单位的构成形式。改革开放以来，我国居民对居住环境、形式等提出更高的要求，逐渐形成具有中国特色的居住区，如图 1.4 所示。

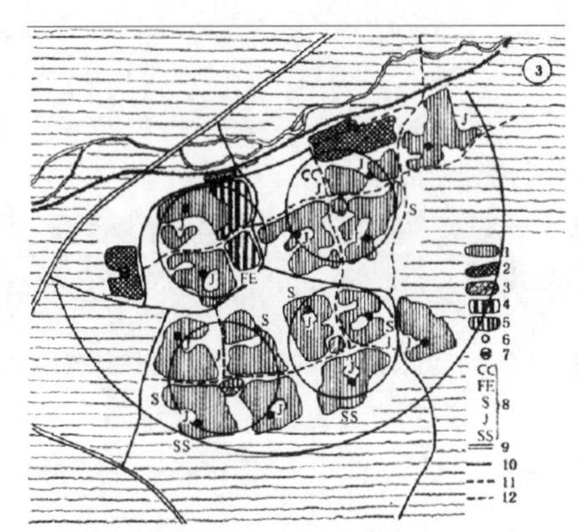

1—居住用地；2—工业用地；3—工作地点和服务中心；4—市中心；5—邻里区的主要中心；6—邻里区的次中心；7—工业中心；8—学校；9—放射路和环状路；10—城市放射路；11—城市主要道路；12—城市二级路

图 1.3 哈罗新城平面示意图

图 1.4 上海市曹杨新村居住区

1.1 居住区用地的构成

城市中住宅建筑相对集中布局的地区，简称居住区。居住区用地是住宅用地、配套设施用地、公共绿地和道路用地的总称。这四项用地既相对独立又相互联系，是一个有机整体，每项用地按合理的比例统一平衡，其中住宅用地是居住区比重最大的用地。居住区内各项用地所占比例的平衡控制指标应符合表 1.1～表 1.5 的规定，表中“建筑气候区划”具体划分见第 2.1.3 节相关内容。

表 1.1　15 分钟生活圈居住区用地平衡控制指标

建筑气候区划	住宅建筑平均层数类别	人均居住区用地面积 /（m²/ 人）	居住区用地容积率	居住区用地构成 / %				
				住宅用地	配套设施用地	公共绿地	道路用地	合计
Ⅰ、Ⅶ	多层Ⅰ类（4～6 层）	40～54	0.8～1.0	58～61	12～16	7～11	15～20	100
Ⅱ、Ⅵ		38～51	0.8～1.0					
Ⅲ、Ⅳ、Ⅴ		37～48	0.9～1.1					
Ⅰ、Ⅶ	多层Ⅱ类（7～9 层）	35～42	1.0～1.1	52～58	13～20	9～13	15～20	100
Ⅱ、Ⅵ		33～41	1.0～1.2					
Ⅲ、Ⅳ、Ⅴ		31～39	1.1～1.3					
Ⅰ、Ⅶ	高层Ⅰ类（10～18 层）	28～38	1.1～1.4	48～52	16～23	11～16	15～20	100
Ⅱ、Ⅵ		27～36	1.2～1.4					
Ⅲ、Ⅳ、Ⅴ		26～34	1.2～1.5					

注：居住区用地容积率是生活圈内，住宅建筑及其配套设施地上建筑面积之和与居住区用地总面积的比值。

表 1.2　10 分钟生活圈居住区用地平衡控制指标

建筑气候区划	住宅建筑平均层数类别	人均居住区用地面积 /（m²/ 人）	居住区用地容积率	居住区用地构成 / %				
				住宅用地	配套设施用地	公共绿地	道路用地	合计
Ⅰ、Ⅶ	低层（1～3 层）	49～51	0.8～0.9	71～73	5～8	4～5	15～20	100
Ⅱ、Ⅵ		45～51	0.8～0.9					
Ⅲ、Ⅳ、Ⅴ		42～51	0.8～0.9					
Ⅰ、Ⅶ	多层Ⅰ类（4～6 层）	35～47	0.8～1.1	68～70	8～9	4～6	15～20	100
Ⅱ、Ⅵ		33～44	0.9～1.1					
Ⅲ、Ⅳ、Ⅴ		32～41	0.9～1.2					
Ⅰ、Ⅶ	多层Ⅱ类（7～9 层）	30～35	1.1～1.2	64～67	9～12	6～8	15～20	100
Ⅱ、Ⅵ		28～33	1.2～1.3					
Ⅲ、Ⅳ、Ⅴ		26～32	1.2～1.4					
Ⅰ、Ⅶ	高层Ⅰ类（10～18 层）	23～31	1.2～1.6	60～64	12～14	7～10	15～20	100
Ⅱ、Ⅵ		22～28	1.3～1.7					
Ⅲ、Ⅳ、Ⅴ		21～27	1.4～1.8					

注：居住区用地容积率是生活圈内，住宅建筑及其配套设施地上建筑面积之和与居住区用地总面积的比值。

表1.3 5分钟生活圈居住区用地平衡控制指标

建筑气候区划	住宅建筑平均层数类别	人均居住区用地面积/（m²/人）	居住区用地容积率	居住区用地构成/%				
				住宅用地	配套设施用地	公共绿地	道路用地	合计
Ⅰ、Ⅶ	低层（1~3层）	46~47	0.7~0.8	76~77	3~4	2~3	15~20	100
Ⅱ、Ⅵ		43~47	0.8~0.9					
Ⅲ、Ⅳ、Ⅴ		39~47	0.8~0.9					
Ⅰ、Ⅶ	多层Ⅰ类（4~6层）	32~43	0.8~1.1	74~76	4~5	2~3	15~20	100
Ⅱ、Ⅵ		31~40	0.9~1.2					
Ⅲ、Ⅳ、Ⅴ		29~37	1.0~1.2					

注：居住区用地容积率是生活圈内，住宅建筑及其配套设施地上建筑面积之和与居住区用地总面积的比值。

表1.4 居住街坊用地与建筑平衡控制指标

建筑气候区划	住宅建筑平均层数类别	住宅用地容积率	建筑密度最大值/%	绿地率最小值/%	住宅建筑高度控制最大值/m	人均住宅用地面积最大值/（m²/人）
Ⅰ、Ⅶ	低层（1~3层）	1.0	35	30	18	36
	多层Ⅰ类（4~6层）	1.1~1.4	28	30	27	32
	多层Ⅱ类（7~9层）	1.5~1.7	25	30	36	22
	高层Ⅰ类（10~18层）	1.8~2.4	20	35	54	19
	高层Ⅱ类（19~26层）	2.5~2.8	20	35	80	13
Ⅱ、Ⅵ	低层（1~3层）	1.0~1.1	40	28	18	36
	多层Ⅰ类（4~6层）	1.2~1.5	30	30	27	30
	多层Ⅱ类（7~9层）	1.6~1.9	28	30	36	21
	高层Ⅰ类（10~18层）	2.0~2.6	20	35	54	17
	高层Ⅱ类（19~26层）	2.7~2.9	20	35	80	13

注：1. 住宅用地容积率是居住街坊内，住宅建筑及其便民服务设施地上建筑面积之和与住宅用地总面积的比值；
2. 建筑密度是居住街坊内，住宅建筑及其便民服务设施建筑基底面积与该居住街坊用地面积的比率；
3. 绿地率是居住街坊内绿地面积之和与该居住街坊用地面积的比率。

表1.5 低层或多层高密度居住街坊用地与建筑平衡控制指标

建筑气候区划	住宅建筑平均层数类别	住宅用地容积率	建筑密度最大值/%	绿地率最小值/%	住宅建筑高度控制最大值/m	人均住宅用地面积最大值/（m²/人）
Ⅰ、Ⅶ	低层（1~3层）	1.0、1.1	42	25	11	32~36
	多层Ⅰ类（4~6层）	1.4、1.5	32	28	20	24~26
Ⅱ、Ⅵ	低层（1~3层）	1.1、1.2	47	23	11	30~32
	多层Ⅰ类（4~6层）	1.5~1.7	38	28	20	21~24

续表

建筑气候区划	住宅建筑平均层数类别	住宅用地容积率	建筑密度最大值 / %	绿地率最小值 / %	住宅建筑高度控制最大值 / m	人均住宅用地面积最大值 /（m²/ 人）
Ⅲ、Ⅳ、Ⅴ	低层（1～3 层）	1.2、1.3	50	20	11	27～30
	多层Ⅰ类（4～6 层）	1.6～1.8	42	25	20	20～22

注：1. 住宅用地容积率是居住街坊内，住宅建筑及其便民服务设施地上建筑面积之和与住宅用地总面积的比值；
2. 建筑密度是居住街坊内，住宅建筑及其便民服务设施建筑基底面积与该居住街坊用地面积的比率；
3. 绿地率是居住街坊内绿地面积之和与该居住街坊用地面积的比率。

1.1.1 住宅用地

住宅用地是指住宅建筑基底占地及其四周合理间距内的用地（含宅间绿地和宅间小路等）的总称。

特别提示

在此，我们要根据住宅用地的概念了解住宅用地并非只是住宅建筑首层的占地，同时还应该包括建筑周边的散水及一定范围内的宅前绿地及入户的小路等占地。

1.1.2 配套设施用地

配套设施用地是指对应居住区分级配套规划建设，并与居住人口规模或住宅建筑面积规模相匹配的生活服务设施。它包括基层公共管理与公共服务设施、商业服务业设施、市政公用设施、交通场站及社区服务设施、便民服务设施。

特别提示

15 分钟、10 分钟两级生活圈居住区配套设施用地属于城市级设施，主要包括公共管理与公共服务设施用地、商业服务业设施用地、交通场站设施用地和公用设施用地；5 分钟生活圈居住区的配套设施，即社区服务设施属于居住用地中的服务设施用地；居住街坊的便民服务设施属于住宅用地可兼容的配套设施。

1.1.3 道路用地

道路用地包括居住区范围内的各级车行道路、广场、停车场、回车场等。

特别提示

城市交通可分为动态交通和静态交通两种形式。动态交通是机动车的行驶状态，一般表现的是城市车行道路的形式；另一种是静态交通，是机动车的非行驶状态，表现为停车形式。

《中共中央国务院关于进一步加强城市规划建设管理工作的若干意见》中明确要求“我国新建住宅要推广街区制，原则上不再建设封闭住宅小区”。并且针对优化街区路网结构，对城市生活街区的道路系统规划提出明确要求，指出“树立‘窄马路、密路网’的城市道路布局理念”。因此，居住区道路系统应控制街道尺度，提升路网密度。

支路是居住区主要的道路类型，居住区内城市道路间距不应超过 300m。居住街坊是构成城市居住区的基本单元，一般由城市道路围合，相应的道路间距宜为 150～250m。

1.1.4 公共绿地

公共绿地为居住区配套建设、可供居民游憩或开展体育活动的公园绿地。

特别提示

公共绿地是为各级生活圈居住区配建的公园绿地及街头小广场。对应城市用地分类 G 类用地（绿地与广场用地）中的公园绿地（G1）及广场用地（G3），不包括城市级的大型公园绿地及广场用地，也不包括居住街坊内的绿地。

1.2 居住区的类型和规模

【引例】依据居住人口规模，居住区主要可分为 15 分钟生活圈居住区、10 分钟生活圈居住区、5 分钟生活圈居住区和居住街坊四级。

“生活圈”是根据城市居民的出行能力、设施需求频率及其服务半径、服务水平的不同，划分出的不同居民日常生活空间，并据此进行公共服务、公共资源（包括公共绿地等）的配置。“生活圈”通常不是一个具有明确空间边界的概念，圈内的用地功能是混合的，里面包括与居住功能并不直接相关的其他城市功能。但“生活圈居住区”是指一定空间范围内，由城市道路或用地边界线所围合，住宅建筑相对集中的居住功能区域；通常根据居住人口规模、行政管理分区等情况划定明确的居住空间边界，界内与居住功能不直接相关或是服务范围远大于本居住区的各类设施用地不计入居住区用地。

邻里单位及其原则

20世纪30年代，美国人西萨·佩里提出了邻里单位（Neighborhood Unit）的住宅区规划理论（图1.5），它是针对城市中人口密集、房屋拥挤、居住环境恶劣、交通事故严重的状况而提出的，目的是使人们生活在一个花园式的住宅区内。

形成邻里单位（图1.6）的原则如下。

邻里单位示意图

（1）城市交通不穿越邻里单位，内部车行、人行道路分开设置（人车分流）。

（2）保证充分的绿化，使各类住宅都有充分的日照、通风和庭院（环境）。

（3）设置日常生活必需的服务设施，每个邻里单位有一所小学（公共服务设施）。

（4）保持原有地形地貌和自然景色，建筑物自由布置。

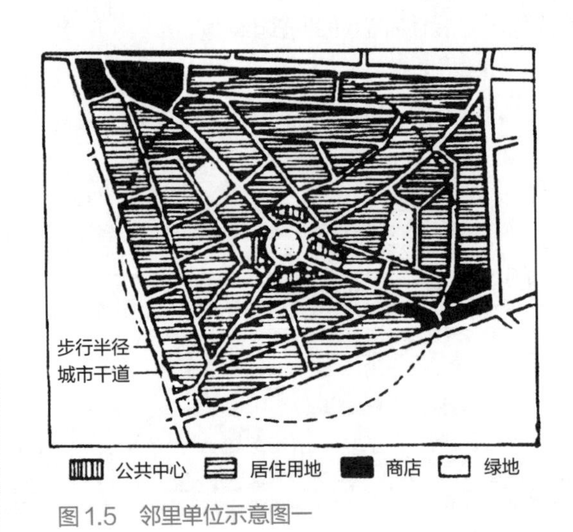

图1.5　邻里单位示意图一

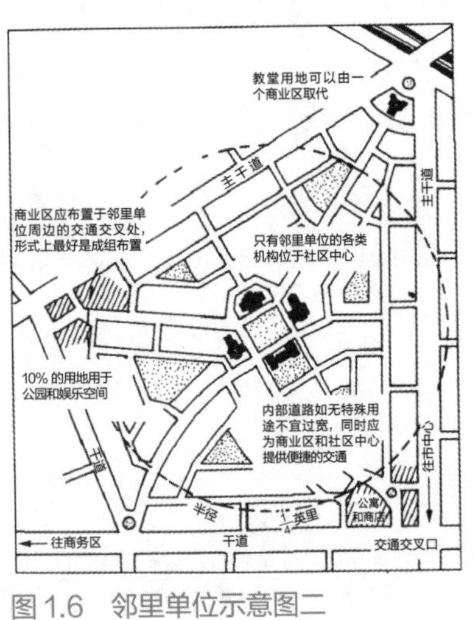

图1.6　邻里单位示意图二

居住区分级便于配套设施和配建公共绿地，落实国家有关基本公共服务均等化的发展要求，满足居民的基本物质与文化生活需求。居住区分级以人的基本生活需求和步行可达为基础，充分体现以人为本的发展理念，同时兼顾配套设施的合理服务半径及运行规模，以充分发挥其社会效益和经济效益。

居住街坊是居住区构成的基本单元。结合居民的出行规律，步行5分钟、10分钟、15分钟可分别满足其日常生活的基本需求，因此形成了居住街坊、5分钟生活圈居住区、10分钟生活圈居住区和15分钟生活圈居住区4个等级的生活圈居住区。根据步行出行规律，3个生活圈居住区可分别对应 300m、500m、1000m 的空间范围，4 个层级对应的居住人口规模分别为 1000～3000 人、5000～12000 人、15000～25000 人、50000～100000 人，其分级控制规模如表 1.6 所示。

表 1.6 居住区分级控制规模

距离与规模	15 分钟生活圈居住区	10 分钟生活圈居住区	5 分钟生活圈居住区	居住街坊
步行距离 / m	800～1000	500	300	—
居住人口 / 人	50000～100000	15000～25000	5000～12000	1000～3000
住宅数量 / 套	17000～32000	5000～8000	1500～4000	300～1000

1.2.1 15 分钟生活圈居住区

15 分钟生活圈居住区（15-min Pedestrian-scale Neighborhood）是以居民步行 15 分钟可满足其基本物质与文化需求为原则划分的居住区范围；一般由城市干路或用地边界线所围合、居住人口规模为 50000～100000 人（17000～32000 套住宅），配套设施完善的地区（图 1.7）。

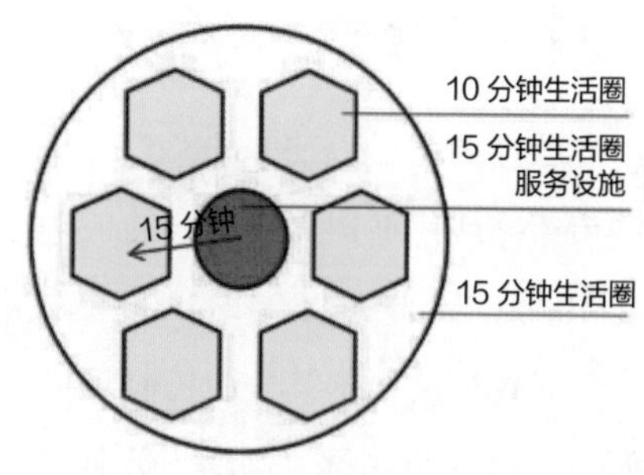

图 1.7 15 分钟生活圈居住区内部结构图

特别提示

居住区类型

分级是居住区规划中一个重要的概念。在城市中，居住区内各项设施配置的项目、数量及规模均是根据 15 分钟生活圈居住区、10 分钟生活圈居住区、5 分钟生活圈居住区及居住街坊进行配置。居住区规划的分级要求是以各类公共服务设施使用的频率和服务人口为依据，同时还要考虑居民的使用便利、兼顾设施和运营的经济性。

1.2.2 10 分钟生活圈居住区

10 分钟生活圈居住区（10-min Pedestrian-scale Neighborhood）是以居民步行 10 分钟可满足其基本物质与文化需求为原则划分的居住区范围；一般由城市干路、支路或用地边界线所围合、居住人口规模为 15000～25000 人（5000～8000 套住宅），配套设施齐全的地区（图 1.8）。

1.2.3 5 分钟生活圈居住区

5 分钟生活圈居住区（5-min Pedestrian-scale Neighborhood）是以居民步行 5 分钟可满足其基本物质与文化需求为原则划分的居住区范围；一般由支路及以上级城市道路或用地边界线所围合，居住人口规模为 5000～12000 人（1500～4000 套住宅），配建社区服务设施的地区（图 1.9）。

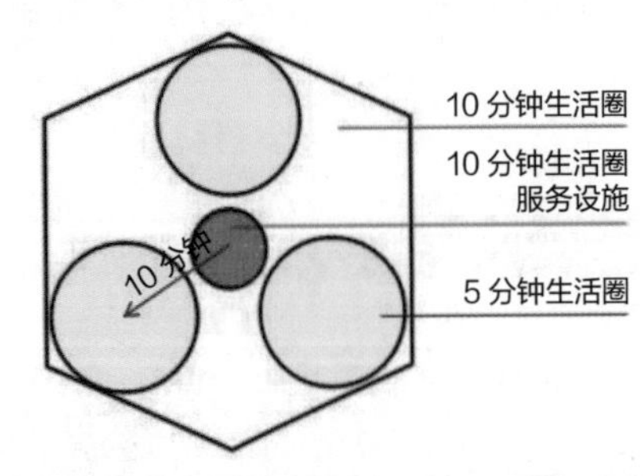

图 1.8　10 分钟生活圈居住区内部结构图

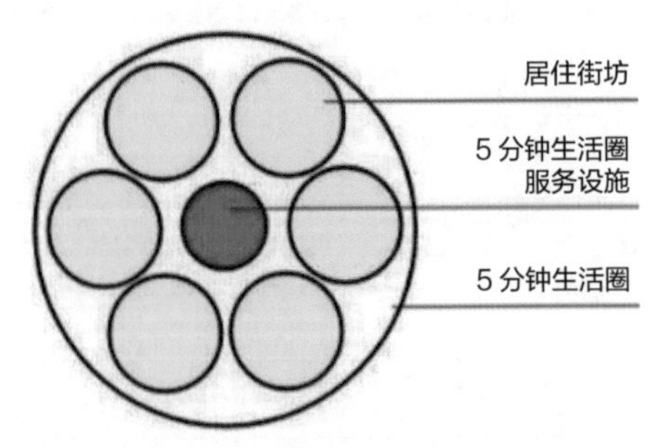

图 1.9　5 分钟生活圈居住区内部结构图

1.2.4　居住街坊

居住街坊（Neighborhood Block）是实际住宅建设开发项目中最常见的开发规模，由支路等城市道路或用地边界线围合的住宅用地，是住宅建筑组合形成的居住基本单元；居住人口规模在 1000～3000 人（300～1000 套住宅，用地面积 2～4hm^2），并配有便民服务设施。

居住区应根据其分级控制规模，对应规划建设配套设施和公共绿地，新建居住区应满足统筹规划、同步建设、同期投入使用的要求；旧居住区可遵循规划匹配、建设补缺、综合达标、逐步完善的原则进行改造。

1.3　居住区规划设计的原则和要求

【引例】居住区规划设计的主体是“人”，在设计过程中“以人为本”的思想准则应贯穿始终。同样，为便于实施与操作，我们在设计中应遵循以下原则和要求。

1.3.1　设计原则

1. 可行性原则

方案设计最终目的是能直接指导方案的实施，那么方案设计的一个重要原则就是可行性原则。

可行性原则应该从多方面要素考虑，具体要求如下。

1）依据上位规划要求

上位规划具体包括城市总体规划、分区规划以及控制性详细规划的内容。

以城市总体规划、土地利用规划以及地方相关设计法规为主要设计依据，确定该地区的用地属性及功能定位。

满足控制性详细规划中提出的控制性指标，如容积率、建筑密度、建筑限高等要求，同时还应遵循指导性原则，如建筑风格、建筑色彩等设计原则。

在该原则指导下完成方案设计时，应该充分体现上位规划中明确要求的属性、定位以及设计指标等内容。

2）与周边地块的关系

任何设计都不应该忽略与周边地块相融合的原则。要充分发挥周边现有基础设施或其他便民设施的功能，并在设计中考虑与现有设施的功能对接或是功能延续。

2. 适用性原则

居住区规划设计的目的是提高和改善城市居民生活质量和生活环境。在该目的的指导下，我们应该体现出方案的适用性原则，应结合城市居民的行为方式合理布局。

（1）建筑朝向尽量满足南北向，同时考虑通风及风燥的干扰。

（2）严格控制日照间距，保证居民的健康生活（图 1.10）。

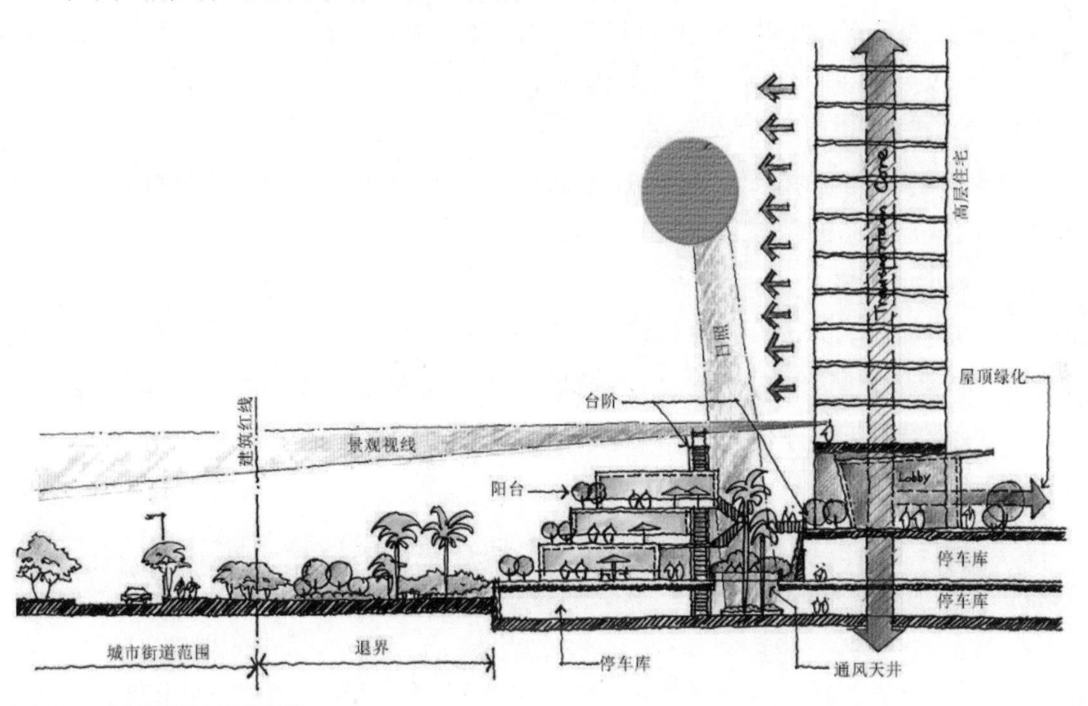

图 1.10　居住街坊内部结构图

（3）公共服务设施配置合理，符合该地区居民的生活需要。

（4）人行出入口的设置尽量靠近公共交通较为集中的地方，方便居民出行，同时尽量考虑人车分流，减少人车交叉干扰。

（5）合理分布公共活动空间及植物配置，符合居民日常生活需要及环境的美观性。

（6）户型设计应人性化，调查该地区居民对户型结构的需要，根据不同人群的需求来设计不同户型。

3. 经济性原则

根据土地本身所具有的经济性及不可再生性等特性，设计方案中应该充分体现节约用地的原则。在保持合理建筑间距的情况下，充分利用建筑之间消极空间以及建筑红线外控制的用地。同时，在满足日照和通风的条件下，合理拼接住宅建筑，尽量减少外墙裸露。

4. 艺术性原则

通过对以上几个原则的了解，明确了居住区规划设计是本着“以人为本”的方向出发。在解决了实用的基础上，还要考虑方案的艺术性。也就是说，通过艺术的手法让居住区内部空间丰富，建筑外形美观。

1.3.2 设计要求

1. 生理要求

生理的需要和安全的需要是人生存的基本需要，包括对衣、食、住、行、空气、水、睡眠的需要，以及对这些基本生活条件的保障需要和人身安全、劳动安全等的需要。

2. 心理要求

归属的需要和尊重的需要是人的心理需要，包括对社会交往、社会地位、宗教信仰、文化传统、道德规范等的需要与认可。

3. 自我实现的需要

自我实现的需要指人高层次的发展需要，包括对生存价值、生活意义、自我满足、个人风格的追求，即存在价值，如完整、完善、完成、正义、轻松、活跃、乐观、诙谐、丰富、单纯、秩序、独特、真实、诚恳、现实、美、善、自我满足等内容。

1.4 居住区规划设计的编制程序、内容和成果

【引例】前文已将居住区的用地构成、居住区类型、规模等基本概念及设计原则进行了论述，在掌握了这些基本的概念及初步的思考方法后，如何进行居住区规划设计的编制？编制的内容及成果的组成有哪些？本节我们将向大家讲解居住区规划设计的编制程序、内容和成果。

1.4.1 编制程序

（1）首先进行现场调研，考察相关已有建筑及设施。

（2）进行内页判读，绘制相关图件。

（3）开始方案的讨论及绘制工作。

（4）与业主和甲方进行初步交流，修改和进一步完善成果；

（5）修改完善并提交最后成果。

1.4.2 编制内容

居住区规划设计的编制内容应根据城市总体规划要求和建设基地的具体情况确定，不同的情况需区别对待，一般应包括设计基地研究及调查，估算各项经济技术指标，构思规划结构与各个功能布局形式及各类用地布置方式，确定各类建筑类型及平面形式、市政工程规划设计、规划设计说明书及技术经济指标计算核算表等。

1.4.3 编制成果

具体的规划设计图纸及文件成果包括现状及规划分析图、规划编制图、工程规划设计图、形态规划设计图、规划设计说明及技术经济指标等。

1. 现状及规划分析图

（1）基地现状及区位关系图包括：人工地物、植被、毗邻关系、区位条件等，如图 1.11 所示。

（2）基地地形分析图包括：地面高程、坡度、排水等分析，如图 1.12 所示。

（3）规划设计分析图包括：规划结构与布局、道路系统、公共建筑设施系统、绿化系统、空间环境等分析，如图 1.13～图 1.16 所示。

区位和地形分析图

图 1.11　重庆水榭花都区位关系图

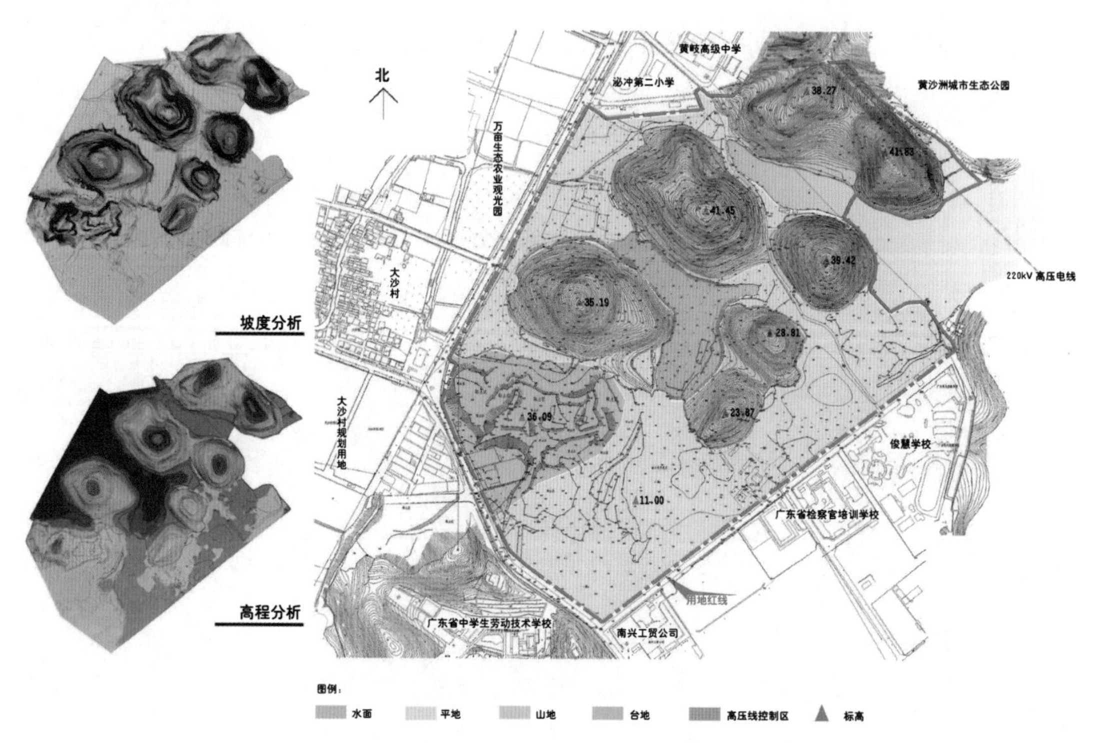

图 1.12　万科金沙花城地形分析图

规划分析图

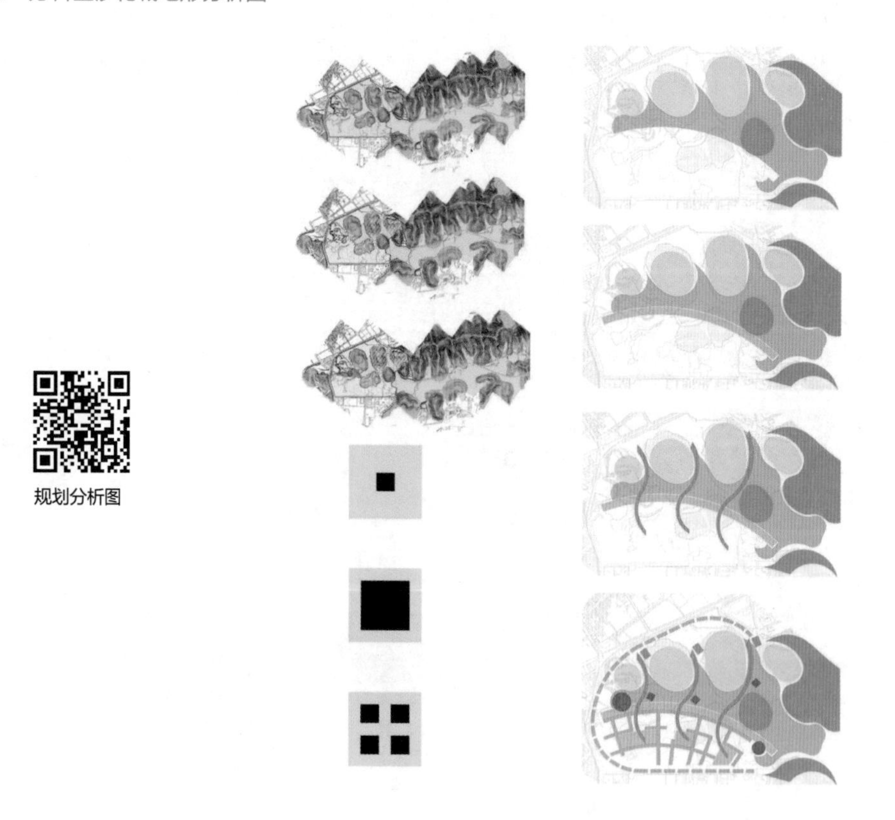

图 1.13　佛山山水家园设计构思图

图 1.14　佛山山水家园景观结构分析图

图 1.15　佛山山水家园户型分布图

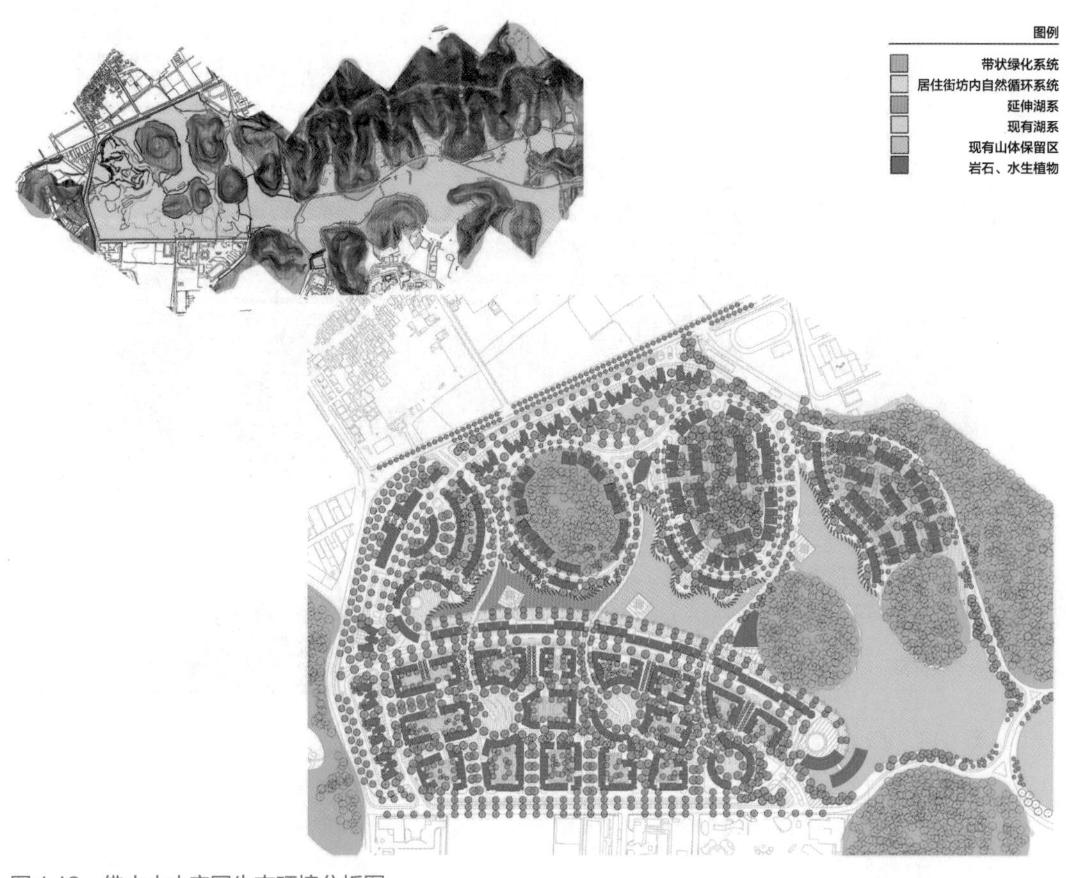

图 1.16　佛山山水家园生态环境分析图

2. 规划编制图

（1）居住区规划总平面图包括：各项用地界线确定及布置、住宅建筑群体空间布置、公共建筑配套设施布点及社区中心布置、道路结构走向、停车设施以及绿化布置等，如图 1.17 所示。

（2）建筑选型设计方案图包括：住宅各类型平、立、剖面图，主要公共建筑平、立、剖面图等，如图 1.18 所示。

3. 工程规划设计图

（1）竖向规划设计图包括：道路竖向、室内外地坪标高（图 1.19）、建筑定位、室外挡土工程、地面排水以及土石方量平衡等。

（2）管线综合工程规划设计图包括：给水、污水、雨水和电力等基本管线的布置，在采暖区还应增设供热管线，同时还需考虑燃气、通风、电视公用天线、闭路电视电缆等管线的设置或预留埋设位置。

图 1.17　佛山山水家园规划总平面图

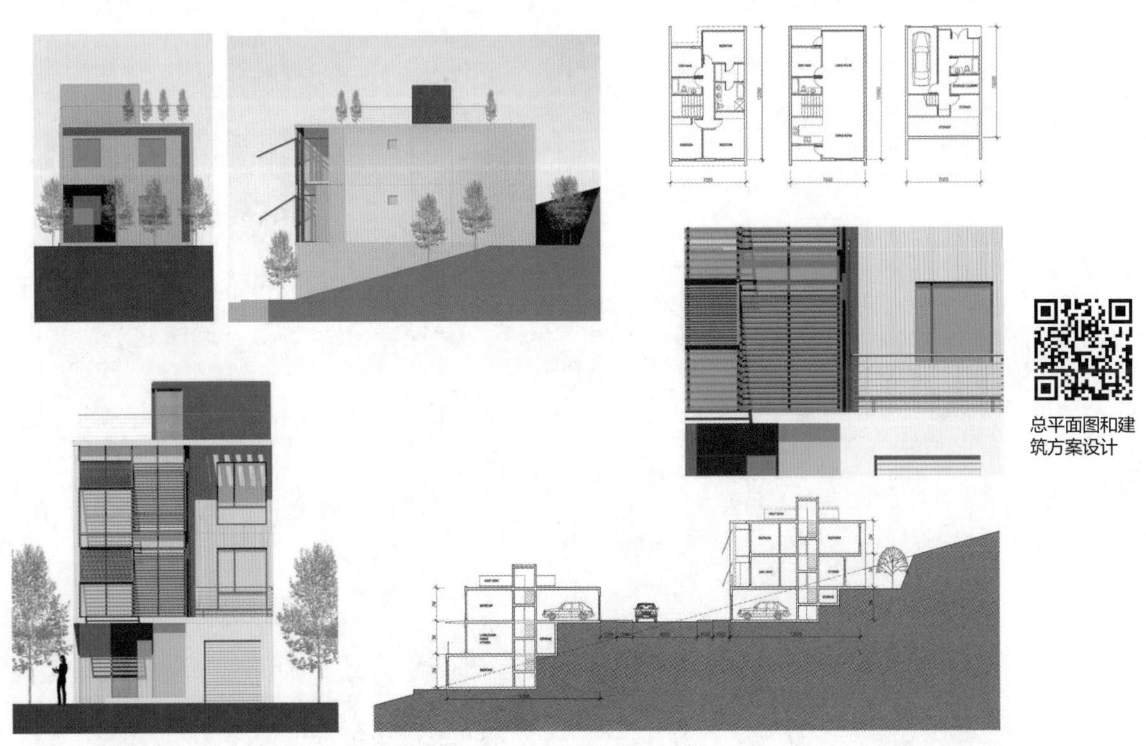

总平面图和建筑方案设计

图 1.18　佛山山水家园别墅平、立、剖面图

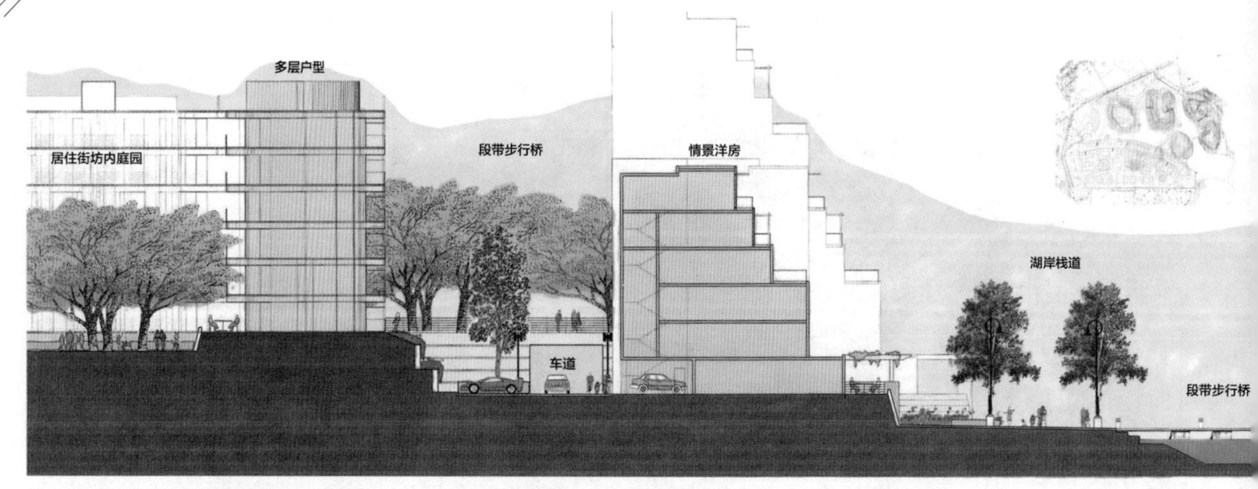

图 1.19　佛山山水家园道路剖面图

竖向规划和鸟瞰图

4. 形态规划设计图

（1）全区鸟瞰或轴测图（图 1.20）。

（2）主要街景立面图。

（3）社区中心、重要地段及主要空间结点平、立面图和透视图。

图 1.20　佛山山水家园规划设计鸟瞰图

5. 规划设计说明及技术经济指标

（1）规划设计说明包括：规划设计依据、任务要求、基地现状、自然地理、地质、人文条件；规划设计意图、特点、问题、方法等。

（2）技术经济指标包括：居住区用地平衡表；面积、密度、层数等综合指标；公共建筑配套设施项目指标；住宅配置平衡以及造价估算等指标。

模块小结

本模块对居住区规划的基本知识进行详细的阐述，并通过相关案例及分析进行表达，力求让学生能初步对居住区用地的构成，居住区类型和规模，规划设计的原则和编制的程序、内容及成果有初步的了解。

居住区用地由4种用地组成。

居住区类型及规模阐述了根据人口规模划分的4种不同居住类型。

了解居住区设计的原则及要求，掌握居住区规划的基本价值观和设计的基本准则。

对居住区规划设计的编制程序、内容及成果进行初步了解。

本模块的教学目标是通过理论及案例对相关内容进行讲解，使学生初步了解居住区规划的基本知识。

综合实训

1. 设计题目

杭州市杭铁路以东白石港以西地块居住项目规划设计。

2. 地理位置

居住区位于杭州市杭铁路以东白石港以西地块，R21-04、R21-05两地块任选一个进行规划方案设计，用地规模及周围环境情况如图1.21所示。

3. 面积指标

（1）主体建筑物性质为中高层住宅（设置公共建筑配套设施）。

（2）建筑容积率为2.5。

（3）建筑层数：底层架空，≤18层。

（4）建筑密度不大于28%。

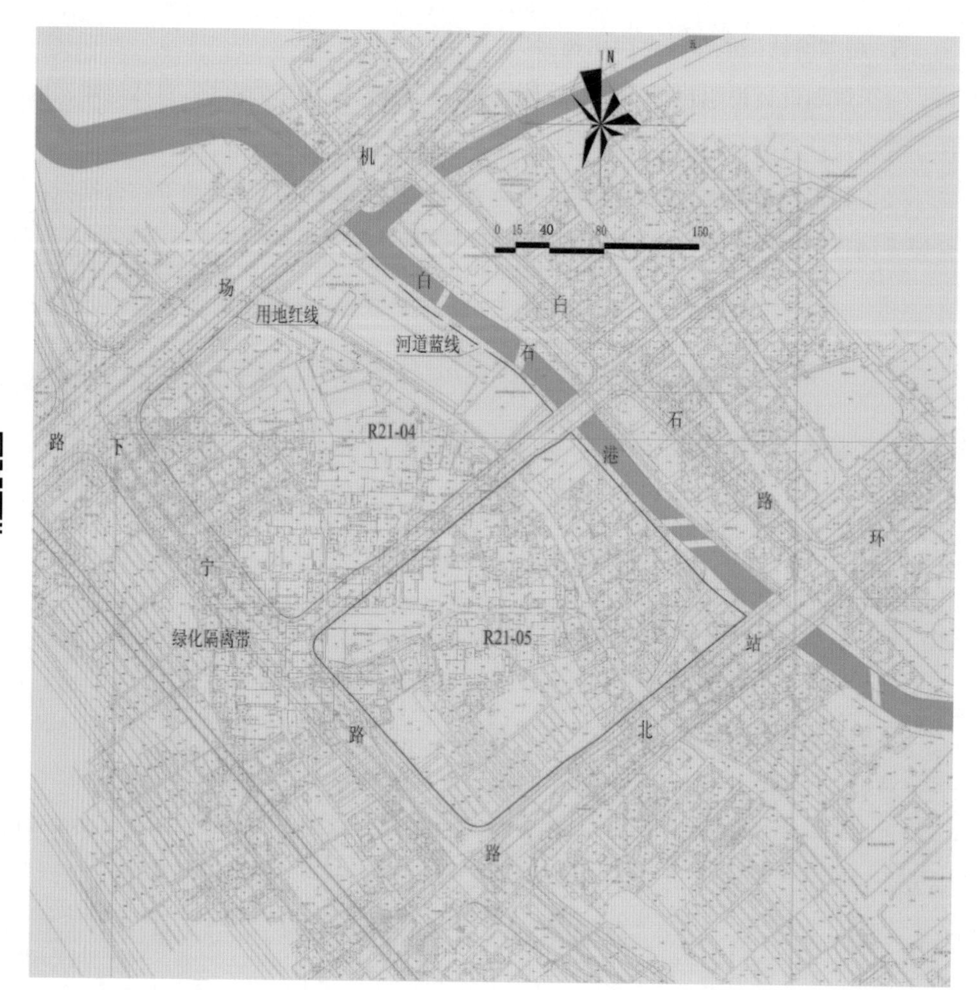

地形图

图 1.21　地形图

（5）绿地率不小于 30%。

（6）户型比例。

R21−04 地块：

① 65m^2 左右建筑面积，15%。

② 85m^2 左右建筑面积，30%。

③ 115m^2 左右建筑面积，20%。

④ 135m^2 左右建筑面积，30%。

⑤ 250m^2 左右大户型建筑面积，5%。

R21−05 地块：

① 65m^2 左右建筑面积，16%。

② 85m^2 左右建筑面积，44%。

③ 115m^{2}左右建筑面积，15%。

④ 135m^{2}左右建筑面积，20%。

⑤ 250m^{2}左右大户型建筑面积，5%。

（7）建筑规划限高55m。

（8）高层建筑与其北侧正南北投影范围内住宅的间距，按以下公式计算。

$$L=(H-24)\times 0.3+S$$

式中：L为建筑之间间距（m），最小值取29m；H为高层建筑高度（m）；S为高层建筑正南北向投影的宽度（m）。L值大于$1.2H$时按照$1.2H$考虑，住宅内部L值可扣除非居住用房高度，不考虑不同方位日照间距折减系数。

（9）10%的停车位数在地面解决，其他地下解决。

4. 设计要求

1）总体规划

（1）总图上应考虑周边环境的影响，充分利用环境，扬长避短。

（2）应处理好住宅与小区景观绿化的关系。

（3）住宅群体布置应规划有序、合理，空间组合关系良好，适合居民居住。

（4）可考虑户与户、楼与楼交流的邻里交往空间，考虑小区以水景以及生态节能等之类主题来进行设计。

2）单体设计原则

（1）住宅层高不小于2.8m。室内地面标高应与室外地坪标高差不大于0.45m。

（2）公共建筑配套设施部分只允许两层高，首层4.2m，二层3.9m，公共建筑配套设施设计除必要的物业经营管理之类的功能外，其他均为商业服务网点。

3）户型设计

（1）户型设计应以人为本，在保证平面方正实用的前提下，要有所突破、创新。

（2）各户型应空间相对规整、功能完善、动静分区、干湿分区，充分考虑空调、设备、管线布置的合理性及隐蔽性，方便用户的使用。

（3）主要房间尽量都有良好的采光、通风条件。

（4）户型各房间的面积构成应合理，使用面积应符合国家规范要求。

（5）厨房的开间尺寸应保证有足够的操作面，餐厅宜保证其独立性。

（6）户型适当多样化。

户型设计在符合国家规范要求的前提下，允许同学自主创新。

5. 成果要求

本设计按方案设计深度要求进行，完成下列设计内容，图纸统一采用A1图纸，彩色打印。

（1）总平面图（1：500）。

（2）平面图：各层平面（1：100）。

（3）立面图：入口立面及侧立面（1：100）。

（4）剖面图：1～2个剖面（1：100）。

（5）户型放大图：至少4种户型（1：50）。

（6）必要的反映方案特性的分析图。

（7）效果图至少2张，其中1张为鸟瞰图。

（8）设计说明与主要技术经济指标。

模块 2

调研与分析

教学目标

通过对居住区规划设计项目相关因素的调研，学生可以掌握第一手基础资料，充分了解居民的需求与规划设计需要解决的问题，使规划设计的成果具有可行性。在此过程中，培养学生观察城市（居住区）、发现问题、分析问题，灵活运用所学专业知识进行居住区规划设计前的准备过程。

教学要求

能力目标	知识要点	权重	自测分数
调研的基本内容	规划设计的服务对象、居民调查、场地条件调查	30%	
调研的方法	问卷调查、访谈调查和观察调查	30%	
调研资料的整理及分析	统计分析、描述和解释区位分析图、现状分析图	40%	

模块导读

没有调查就没有发言权，是中国共产党人深入实际，深入群众，形成正确工作方法的行动口号。调查研究是我们党的传家宝，是做好工作的基本功，是谋事之基、成事之道。调查的目的是为了发现问题，只有发现问题才能解决问题，2022 年党的二十大报告就提出“必须坚持问题导向，并不断提出真正解决问题的新理念、新思路、新办法。”因此，设计师必须学会如何进行设计前的调查、研究、分析等调研工作，这样才能在规划时发现问题并解决问题，切实提高人民的居住生活品质。

2.1 调研的基本内容

【引例】我们来看一下身边的居住区：有些居住区的建筑全部是 1～3 层的别墅，有些都是 10 多层的高层，还有一些是混合的，为什么居住区会有这些不同的形态呢？

居住区规划必须根据总体规划和近期建设要求，对居住区内的各项目建设进行综合全面的安排。居住区规划必须考虑一定时期的经济发展水平，居民的文化背景、生活水平、生活习惯，物质技术条件，以及气候、地形和现状等条件，同时应注意远近结合，不妨碍今后的发展。只有通过准确、详细的调研，了解城市社会现状及其需求，分析场地的特性，才能科学地编制居住区规划方案。对于设计师来说，调研既是认识城市（居住区）的重要手段，又是做好设计工作的重要基础，是必备的基本功。

调研是一个复杂的工程，需要多学科之间的相互合作，如图 2.1 所示。

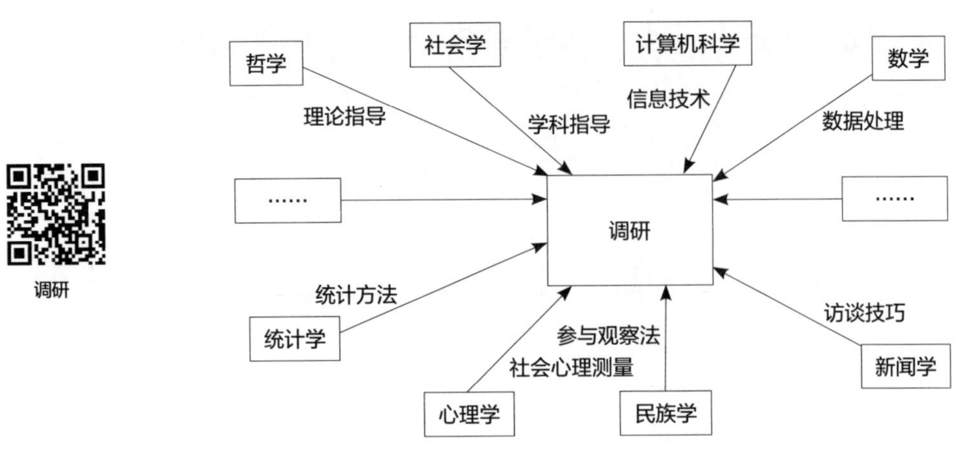

图 2.1　调研学科合作图

2.1.1 服务对象调查

1. 甲方

居住区规划设计项目都有其项目的委托者——甲方，项目由甲方出资建设。甲方对于项目事先都会有一个具体的概念，譬如居住区是面向哪个阶层开发的？住宅的户型比是什么样的？等等。规划设计师需要和甲方沟通、交流，明确甲方提出的要求和设计方向。

2. 政府部门

居住区修建性详细规划需要报政府行政主管部门审批，在设计之初，必须明确由城市规划行政管理部门出具的规划设计条件，以及国家和地方政府的政策、专业规范等。

3. 客户定位

居住区建设的目的是提供舒适的居住环境。在设计之前，要对客户群进行分析：谁是客户？客户在哪里？产品必须与客户匹配，客户感知的不仅仅是产品本身，更应该是精神层次的产品和居住意境体验。譬如保障用房的客户需要有地方居住，中年人选择房子的时候会侧重考虑学校等配套设施，老年人会考虑公园等休闲设施的远近，所以作为设计师，必须明确客户群才能进行精准分析。

2.1.2 居民调查

居民调查是居住区规划设计的基础。居民调查的目的是掌握第一手的基础资料，充分了解居民的需求和规划设计需要解决的问题，其作用在于评价居民的居住环境，分析居民的居住意愿，预测住房市场的发展趋向，决策居住区规划设计的概念、定位与原则，直接或间接地指导居住区的具体规划设计。居民调查注重听民声、察民意，聚民力，彰显了党的二十大“以人民为中心”的价值理念。

1. 居民基本情况的调查

家庭是社会结构中的最基本单位，也是影响居住形态变化的重要因素之一。

居民基本情况调查一般包括被调查者的年龄、性别、职业、受教育程度、宗教信仰，被调查者家庭的人口结构、收入、住房状况、家庭住址等项目。例如，可制成表 2.1～表 2.3 进行调查。

（1）您的住址：______市______区______小区______栋______单元______室。

（2）家庭成员年龄构成（表 2.1，请在选项中打√）。

表 2.1 家庭人员年龄构成

年龄段	A	B	C	D	E	F	G
	学龄前（6 岁以下）	青少年（6～18 岁）	青年（19～30 岁）	中青年（31～45 岁）	中年（46～60 岁）	老年（60 岁以上）	总人口数

（3）家庭类型（表 2.2，请在选项中打√）。

表 2.2　家庭类型

家庭类型	A	B	C	D	E	F	G
	核心家庭（由父母和未婚子女组成）	主干家庭（三代或三代以上合住：父母和已婚子女合住）	联合家庭（同辈家庭合住）	无孩家庭（夫妻俩，没有孩子）	老人家庭（家庭成员年龄均大于 60 岁）	单身家庭（家庭成员只有一个成年人）	单亲家庭（由父亲或母亲与未婚子女组成）

（4）家庭经济情况（表 2.3，以您家的月收入总和计，请在选项中打√）。

表 2.3　家庭经济情况　　单位：万元

家庭月收入总和	A	B	C	D	E	F	G
	<0.3	0.3～0.5	0.5～1	1～2	2～3	3～5	> 5

2. 实况调查（表 2.4，请在选项中打√）

实况调查是指对居民当前居住生活状况的调查。调查主要针对居民在自己的住宅区中如何进行日常生活活动的实际状况，包括各项设施的使用频率、出行的次数、消费的标准和认可的场所等，目的在于了解居民目前的居住生活状况和规律。例如，可以制成表 2.4 进行调查（请在选项中打√）。

表 2.4　居住区配套设施实况调查表

设施类型		每天使用	每周使用	每月使用	其他
商业服务业设施	商场				
	菜市场或生鲜超市				
	健身房				
	餐饮设施				
	银行营业网点				
	电信营业网点				
	邮政营业场所				
	其他				
公共管理和公共服务设施	体育馆（场）或全民健身中心				
	卫生服务中心（社区医院）				
	养老院				
	老年养护院				
	文化活动中心（含青少年、老年活动中心）				
	其他				

续表

设施类型		每天使用	每周使用	每月使用	其他
社区服务设施	社区服务站				
	社区食堂				
	小型多功能运动（球类）场地				
	室外综合健身场地				
	社区商业网点				
	公共厕所				
	公交车站				
	其他				

3. 评价调查

评价调查是指居民对目前所居住的环境满意程度的调查。评价调查一般涉及居民对自己的住房、对住宅区各项设施的配置与布局和各项服务的提供是否合理、完善、充分，使用是否方便，设计是否美观，总体是否满足居民日常生活的需要等方面。评价调查的主要目的在于了解问题所在。例如，可以制成表 2.5 进行调查（请在选项中打√）。

表 2.5　居住区配套设施评价调查表

设施类型		很重要	一般	不重要
公共管理和公共服务设施	体育馆（场）或全民健身中心			
	卫生服务中心（社区医院）			
	养老院			
	老年养护院			
商业服务业设施	商场			
	菜市场或生鲜超市			
	健身房			
	餐饮设施			
	银行营业网点			
	电信营业网点			
	邮政营业场所			
交通场站	轨道交通站点			
	公交首末站			
	公交车站			
	非机动车停车场（库）			
	机动车停车场（库）			

续表

设施类型		很重要	一般	不重要
社区服务设施	社区服务站			
	社区食堂			
	文化活动站			
	小型多功能运动（球类）场地			
	室外综合健身场地			
	幼儿园			
	托儿所			
	托老所			
	社区卫生服务站			
	社区商业网点			
	再生资源回收点			
	生活垃圾收集站			
	公共厕所			
	公交车站			
	非机动车停车场（库）			
	机动车停车场（库）			
便民服务设施	物业管理与服务			
	儿童、老年人活动场地			
	室外健身器材			
	便利店			
	邮件和快递送达设施			
	生活垃圾收集点			
	居民非机动车停车场（库）			
	居民机动车停车场（库）			
您认为还需要什么设施				

4. 意向性调查

意向性调查是指居民对期望的居住环境的调查。意向性调查涉及的方面相当广泛，由于被调查者的具体目的不甚明确，因此调查内容和问题应该具有一定的启发性，以启发和引导被调查者的思维。意向性调查的目的是了解居民对居住环境发展的需要，以指导和改进居住区的规划设计，为今后居住区规划设计提供依据。例如，可以制成表 2.6 进行调查（请在选项中打√）。

表2.6 居住区配套设施意向性调查表

设施类型	适当集中，置于居住区中心位置	适当集中，置于居住主出入口	适当分散	其他意见
公共管理和公共服务设施				
商业服务业设施				
市政公用设施				
交通场站				
社区服务设施				
便民服务设施				

不论是评价调查还是意向性调查，被调查者的价值取向在很大程度上决定了其评价和意愿的结果。因此，调查结果与被调查者基本情况的相关性分析极为重要。

2.1.3 场地条件调查

收集和分析地块的基础资料是提高居住区规划设计质量的主要手段。在对每一个地块进行规划设计之前，应尽可能掌握一定的基础资料，对场地的现状、周围环境进行深入的分析研究，在此基础上，提出居住区规划设计的方案。

1. 自然条件

居住区所在区域的自然条件和特征，如地形、地质、水文、气象、植物种类等，是居住区设计的基础数据和资料，是设计中尊重生态环境的依据和前提。

1）地理环境

一个地区的地理环境包括地形、地貌、地质、水文等，它们直接或间接地影响着居住区的规划设计。地形条件直接影响到居住区的用地平面形状；自然地貌决定了居住区用地的高程变化，是竖向设计的基础依据；地质条件影响到建筑工程是否安全可靠、需要采取的措施及施工的经济合理性；水文条件影响工程地基基础处理和施工方案，地表水体要注意流量、流速、水位变化，特别是最高洪水水位、频率，要考虑加强防洪、排涝的设施与措施，还要考虑场地排水径流、坡度的顺畅。

在诸多的地理环境要素中，地形、地貌是影响居住区设计的根本性要素，也是体现居住区地域性特色的物质基础。按地形、地貌分，居住区大致可以分成三大类：平地居住区、山地居住区和滨水居住区。

（1）平地居住区。

平地居住区用地受地形的制约少，早期生态环境优越、用地较为宽松，反映到居住区格局上通常表现为方正、平直、严谨有度的空间结构；交通组织一般比较流畅便捷，如图2.2所示。

（2）山地居住区。

平地居住区和山地居住区

山地居住区的建设需要特别尊重山形地势，可以创造出丰富的居住区内外部空间形态。常见的建筑形态有架空、退台、吊脚、出挑、梭坡、叠置等。为获得更多的居住、生活场所，建筑强度往往比较高。道路交通一般都是随山就势，横向以平路为主，纵向以阶梯式道路为主，如图 2.3 所示。

图2.2　平地居住区

图 2.3　深圳万科 17 英里山地居住区

（3）滨水居住区。

自古以来，水与人类的居住生活息息相关。由于生存、生活、生产的需要，原始的定居点一般都靠近自然水系，滨水居住区的文化及建筑风格源远流长，如深圳万科第五园滨水居住区（图 2.4）。

2）气候

气候条件主要是指当地的温度、湿度、日照、降雨、风向等。它作为重要的环境因素之一，深深地影响着居住区的格局。中国复杂多样的地形造就了复杂多样的气候，不同的省区市有不同的气候条件，有寒冷气候、湿热气候、海洋性气候、内陆气候。最大的也是最粗糙的区分就是南方与北方。而准确一点的是居住建筑节能设计气候分区，它把全国范围分为：Ⅰ严寒地区（分 A、B、C 三个区）、Ⅱ寒冷地区（分 A、B 两个区）、Ⅲ夏热冬冷地区、Ⅳ夏热冬暖地区（分南、北两个区）、Ⅴ温和地区（分 A、B 两个区）。

滨水居住区

图 2.4　深圳万科第五园滨水居住区

3）社会环境

社会生产力是体现国家经济水平和实力的重要因素，随着国家经济水平和社会发展阶段的变化，居住形态也随之发生变化。

在经济上，容积率确定了单体设计的基本出发点（如是经济型住宅还是豪华型住宅），限定了路网形式和公共建筑的大小及分布方式，而这些正是开发商核算土地价值、人群购买力及项目资金运作情况的重要依据。我们从图面上看到的“顺眼”的路网形式和公共建筑“画龙点睛”的点缀，无不与它们恰如其分的合理性有关。单体类型分布、路网与绿化形式是形成规划设计的主要元素。因此，一个“有道理”的规划，无不是以“实用主义”的市场观和经济性来奠定基础的。再“天马行空”的构想，最终也必须有经济上的保证和市场的认可才能实现。

特别提示

不能盲目地追求“高尚”“品位”，更不能随意地模仿。当地的经济发展，具体指当地居民对住宅的经济承受能力。如果在一个小城市建一处极为高档的住宅，超过了当地居民的经济承受能力，人们就会可望而不可即，最终造成销售缓慢。虽然品质很高，但不能算是符合当地生活水平的居住区。

2. 历史文化环境因素

文化是一种社会现象，是人们长期行为形成的产物；文化同时又是一种历史现象，是社会历史的积淀物。在岁月长河中，人类的文化作为历史的积淀，以各种形式，存留于城市，凝聚于建筑中，与人们的生活相互融合。设计师只有通过对地域居住文化、生活方式、风俗习惯的研究，对地域居住文化深入的理解和体会，并结合实际调研，考察居民的居住需求偏好，才能在设计时提出符合当地居民心理认同的居住形态。

2.2 调研的方法

【引例】想要取得事半功倍的效果吗？那在我们调研之前就必须学会并在具体的案例中使用恰当的调研方法。譬如你拿到了一个地块，倘若要知道这个地块的基本情况，就只能拿起相机，带好速写本去现场踏勘。如果你还想知道这个地块周围居民的基本生活情况，那你又该怎么办呢？这时我们就需要对周围居民进行调研。

调研方法常用的有文献调查、现场勘察或调查观察、抽样调查或问卷调查、访谈或座谈会调查四种。四种调研的方法不同，目的与效果也不同。

1. 文献调查

文献调查是搜集各种文献资料、摘取有用信息、研究相关内容的方法。通过文献的查阅，可以了解前人的工作，避免无用的重复。从而得知前人对你所调研的对象是怎样看待的，给予怎样的解释，其他类似项目中是如何处理这些问题的。

特别提示

文献查阅途径

（1）期刊：《城市规划》《规划师》《城市规划学刊》《国际城市规划》、*Planning*、*Journal of Urban Design*。

（2）期刊网等网上检索与阅读。

（3）图书馆、资料室等。

2. 现场勘察或调查观察

根据调查的目的，调查者借助一定的观察工具（感觉器官、照相机、录音设备等）对客观事实进行真实的记录与描述，侧重于从调查者的角度去了解现状，适用于许多社会行为、风俗习惯、社会态度、科学态度，兴趣、感情、适应性等的调查。

特别提示

（1）调查图示：绘图、素描等形象记载方法。这是城市规划、建筑学的基本语言和重要特点。

（2）拍照与定时摄像：图片信息系统。

（3）文字记录与录音。

3. 抽样调查或问卷调查

问卷调查无论是所调查的对象还是调查的内容均可以比较广泛，是一般调查常用的方法。在设计问卷时，应包括以下部分：①进行调查的目的；②答题说明；③受访者背景资料；④问题和选项；⑤致谢。

在设置问题时要注意以下几点：①问卷编写前先有初步思路，弄清问题之间的关系；②问卷内容少而精，抓住关键问题；③避免引导性的问题（调查者预设立场）；④保证问卷的有效性（发放的方式、数量、人群的覆盖面——年龄、性别、职业、来源地，调研的时间段）。

访谈与问卷调查的特点和区别

4. 访谈或座谈会调查

问卷是标准式的问题，而访谈或座谈会能够引发发散思维，可以就相关问题深入了解，获取更多的信息。访谈或座谈会一般具有比较确定的被调查对象和比较有针对性的询问内容，范围较小，常作为问卷调查的补充或用在深入调查中，内容一般需要访谈者解释或引导方能被被调查者理解和正确回答，是引导性的“采访”和自由式的“漫谈”。

四种调研方法可以独立采用，也可以同时采用。

2.3 调研资料的整理及分析

收集资料后要进行整理分析，去伪存真，为居住区规划提供科学依据。在居住区规划设计中，主要采用统计分析、描述和解释进行调研资料的整理、分析工作。

统计分析是对所有调查资料的综合处理，以便描述、解释和预测调查的对象。描述用来说明资料是“什么样的”，解释用来说明资料“为什么是这样的”，预测则用来对“还会或将会怎么样”进行推断。

在不同的项目中，起主导作用的因素不同，如何把这些影响因素加以归纳分类，并理性地分析这些因素对居住区设计的具体作用和特点，这是我们在项目之初必须明确的问题。在这个阶段，我们一般要完成区位分析图（图 2.5）、现状分析图（图 2.6）、相关案例的评析，用文字、语言或图纸的方式加以表达。

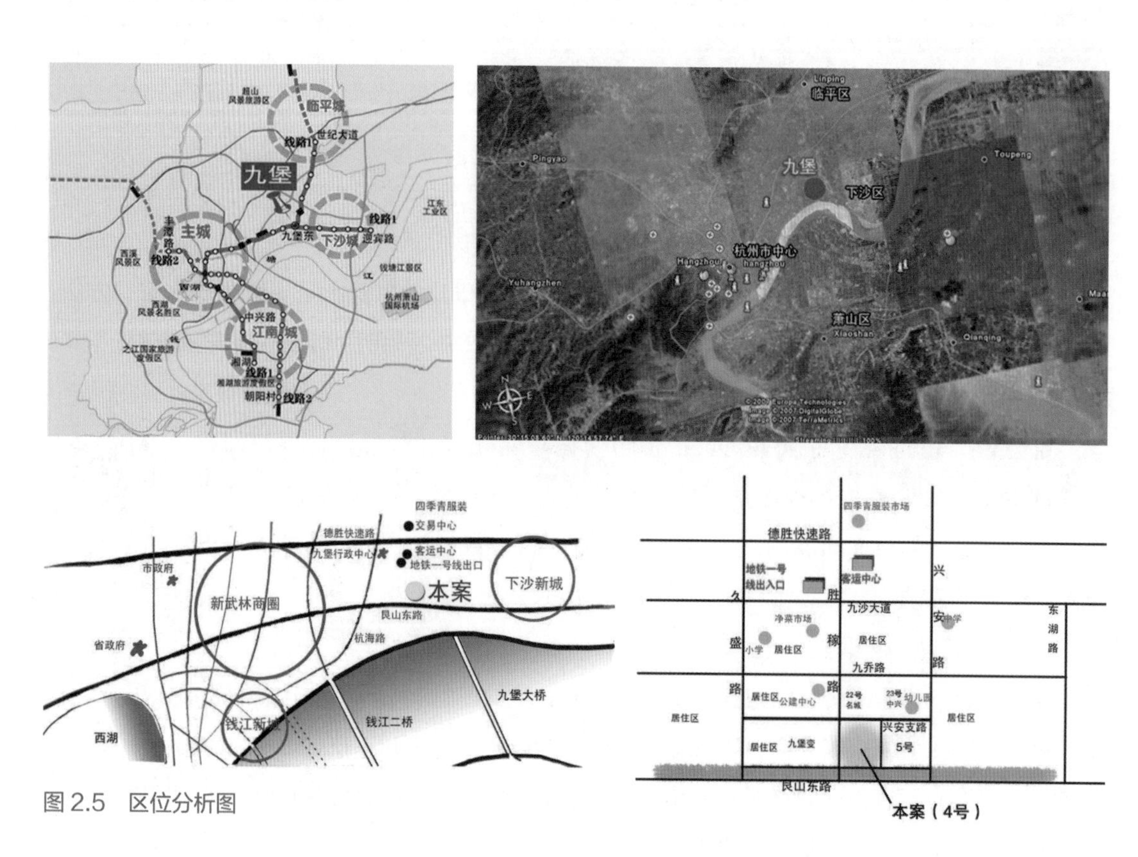

图 2.5　区位分析图

图 2.6　现状分析图

特别提示

工作流程如下。

（1）阅读文献资料。将一些与调查对象密切相关的文章复印下来进行阅读，并撰写读书报告，加深认识。

（2）列出调研提纲。确定调研框架后，进一步对调查方案进行设计，即对调研活动做出计划安排，包括调查形式（调查提纲、问卷及各种量表等）、调查时间、调查地点、拟采用的调查方法等。

（3）实地调查。

（4）整理分析资料，撰写调查报告。通过分析与统计，得出条理性的调查结论，并撰写调查报告。

如图 2.5 所示，从这个区位关系中反映该项目周围的交通情况、与城市功能区块之间的关系、项目周边居住区的建设情况等内容。对外交通在一定程度上决定着该小区的主要出入口位置；与城市功能区块的关系和周边项目的建设情况，有利于对该项目进行合理的定位。除了图纸表达外，还可以用文字进行描述。

如图 2.6 所示，现场考察的照片和地形图相结合，说明现场地形、建筑等情况。

如图 2.7 所示，可以直观地看出规划地块周围地块的用地性质及周边道路、公园等设施的配套情况。

区位分析

根据现场记录、照片或资料的查阅，把相关信息绘制到地形底图上，使人更直观地了解地块信息，为以后规划设计做好前期准备工作。

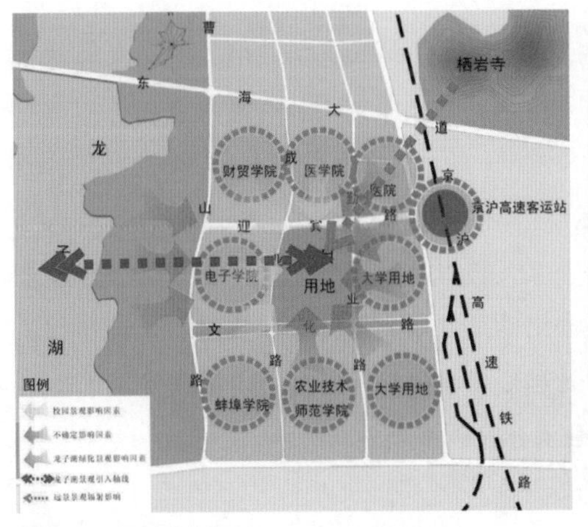

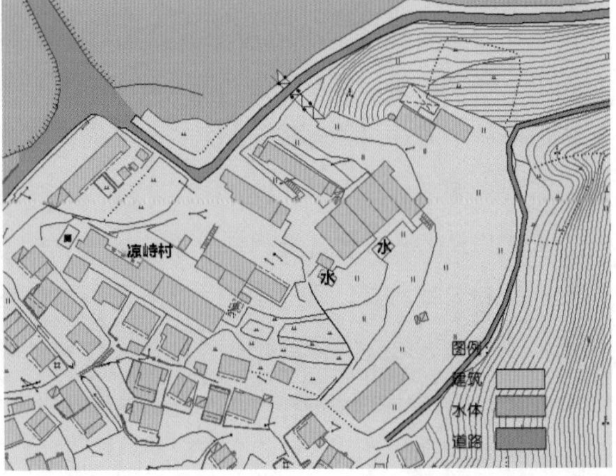

图 2.7 现状分析图

模块小结

本模块着重阐述了居住区规划设计的前期工作——调研与分析。在做设计之前，学生要明白服务对象是谁，充分理解甲方的意图，遵行国家和地方的政策规章制度，以人为本。

本模块的教学目标是通过对调研对象、方法及资料整理的讲解，使学生能够对已建成的居住区进行调研分析，并进一步对现状规划地块进行前期调研，为居住区规划设计打下良好的基础。

综合实训

一、居住区规划设计调研。

1. 调研要求

选取 1 个居住区进行调研，为居住区规划设计课程做准备。

2. 基础调研内容

（1）区位及背景资料。

（2）居住区规模估算，主要包括用地规模、人口规模、人均用地面积等。

（3）用地与建筑构成。各类性质的用地比例、住宅类型及住宅组群布局、公共建筑设施的布置。

（4）规划布局。路网结构、景观、出入口等。

3. 调研成果

提交调研报告，并应附实地照片和适当的分析图加以说明。

居住区宜居质量与居住满意度调查表

二、居住区宜居质量与居住满意度调查

1. 调查背景

党的二十大报告指出我们必须坚持人民至上。要实现好、维护好、发展好最广大人民根本利益，紧紧抓住人民最关心、最直接、最现实的利益问题，不断实现人民对美好生活的向往。同时，党的二十大倡议推动绿色高质量发展。

2. 调查要求

从城市里选一居住区进行调查，从居住者视角，立足美好生活需求，聚焦居住区宜居质量和建筑品质进行调查。调研重点了解居民居住质量和满意度现状，获得对居住产品改进和行业绿色可持续发展的真实数据和资料，共同建设好满足居住者幸福感与安全感的绿色宜居家园。

3. 调查内容（详见二维码居住区宜居质量与居住满意度调查表）

4. 调查成果

对调查表进行统计与分析，提交 ppt 调查报告一份。

模块 3

规划结构与布局设计构思

教学目标

本模块通过对居住区常用结构和布局形式的介绍，帮助学生了解居住区规划基本设计手法。通过本模块的学习，能系统了解居住区规划的构思方法、设计内容及规划重点。

教学要求

能力目标	知识要点	权 重	自测分数
掌握居住区规划结构形式	基本结构形式	40%	
了解居住区规划常用布局形式	布局形态	60%	

模块导读

居住区是一个多元多层次结构的物质生活与精神生活的载体，功能以居住兼顾配套设施、道路交通和绿化设施等，规划结构与布局构成居住区的基本骨架，并与其他相关功能进行组合，构成一个有机系统。

【引例】我们所生活的城市若从微观世界的视角来观察，它就如同一个有机的细胞。

城市是一个细胞的整体结构，其中由若干个居住区组成。其居住区分布在城市的各个地区，自身又是一个独立的细胞结构。它包含城市的行政、教育、商业服务等功能，在居住区内基本能提供城市内的所有使用功能，是城市最高级别的结构形式。而居住区内又由若干个不同等级的居住形式组成，其形态似细胞核。它是城市的基本结构，也是最为核心的内容，其结构如图 3.1 所示。

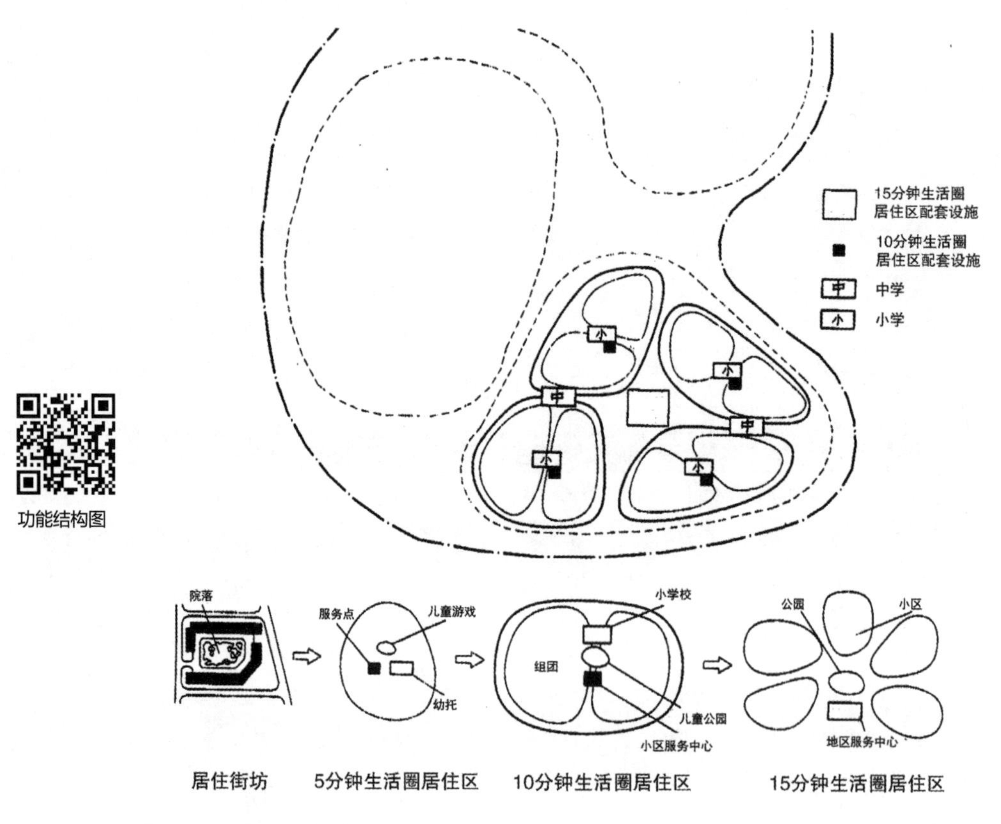

图 3.1　居住区功能结构图

3.1 居住区规划结构形式

居住区划分为居住街坊、5分钟生活圈居住区、10分钟生活圈居住区及15分钟生活圈居住区四个层级结构形式，如表1.6所示。居住街坊是组成各级生活圈居住区的基本单元；通常3～4个居住街坊可组成1个5分钟生活圈居住区，可对接社区服务；3～4个5分钟生活圈居住区可组成1个10分钟生活圈居住区；3～4个10分钟生活圈居住区可组成1个15分钟生活圈居住区；1～2个15分钟生活圈居住区，可对接1个街道办事处。

3.2 居住区规划常用布局形式

以党的二十大精神为引领，居住区规划布局的形态要坚持以人为本的基本理念，符合居民生活习俗和居住行为轨迹，以及管理的规律性、方便性和艺术性。居住区规划常采用以下几种布局形式。

1. 向心式布局形态

将居住空间围绕占主导地位的特定要素进行有规律的排列组合，表现出有构图感的向心性，即以某个要素为核心，形成一种从中间向四周发散的形态，并结合自然顺畅的道路路网形成向心式布局(图3.2)。

向心式布局往往选择有特征的自然地理地貌（水系、山体、建筑等）为构图中心，同时结合核心区域布置居民物质与文化生活所需的公共服务设施，形成居住区中心。各居住分区围绕中心分布，既可以用同样的住宅组合方式形成统一格局，也允许不同的组织形态控制各个部分，强化可识别性。

该布局可以按居住分区逐步实施，一部分实施过程中不影响其他部分居民的生活活动，具有较强的灵活性。因此，向心式布局是目前规划设计方案中比较常见的布局形态。

特别提示

向心式布局优点非常突出，如结合核心区域布局公共服务设施及中心景观节点。这种布局符合居住区规划要求中服务半径的要求。

服务半径是指各项设施所服务范围的空间距离或时间距离。各项设施的分级及其服务半径的确定应考虑两个方面的因素，一个是居民的使用频率，另一个是设施的规模和服务效益。

向心式布局

图 3.2　向心式布局

2. 围合式布局形态

住宅沿基地外围周边布置，形成一定数量的次要空间，并共同围绕一个主导空间，构成的空间无方向性。主入口按环境条件可设于任一方位，中央主导空间一般较大，统率次要空间，也可以以其形态的特异突出其主导地位（图 3.3）。

特别提示

围合式布局无中心感，各个空间相对独立，便于管理。围合式布局一般适用于居住区规模较大或配套设施较为开放的城市中心区。

3. 轴线式布局形态

空间轴线常为线性的道路、绿地、水体等，具有强烈的聚集性和导向性。通过空间轴线的引导，轴线两侧的空间对称或不对称布局，并在轴线上设置若干个主、次节点来控制线性空间的节奏和尺寸，整个居住区呈现出层次递进、起落有致的均衡空间（图 3.4）。

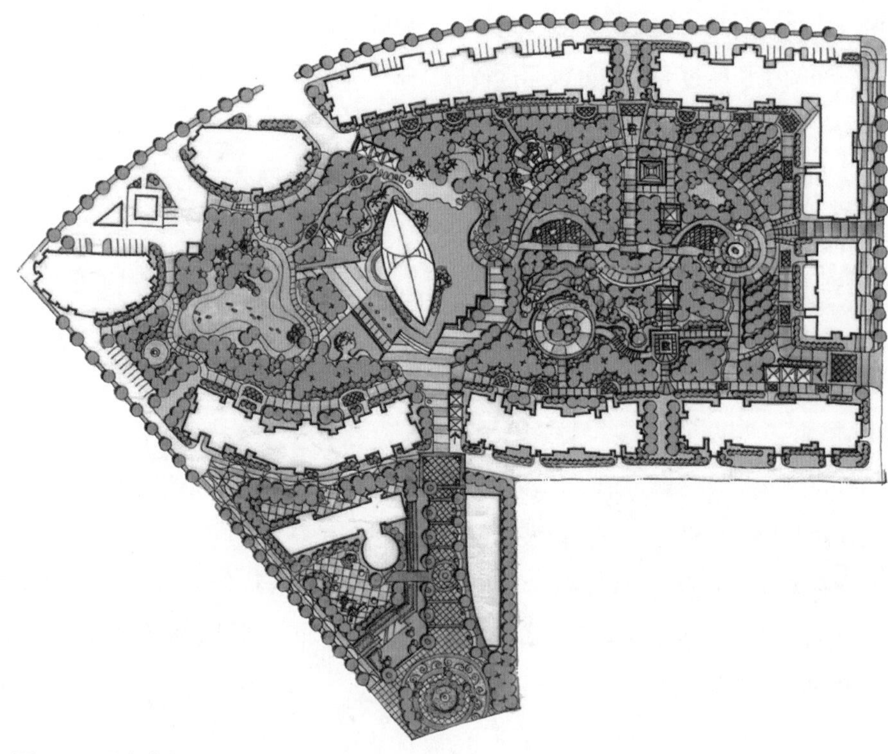

围合式布局

图 3.3 围合式布局

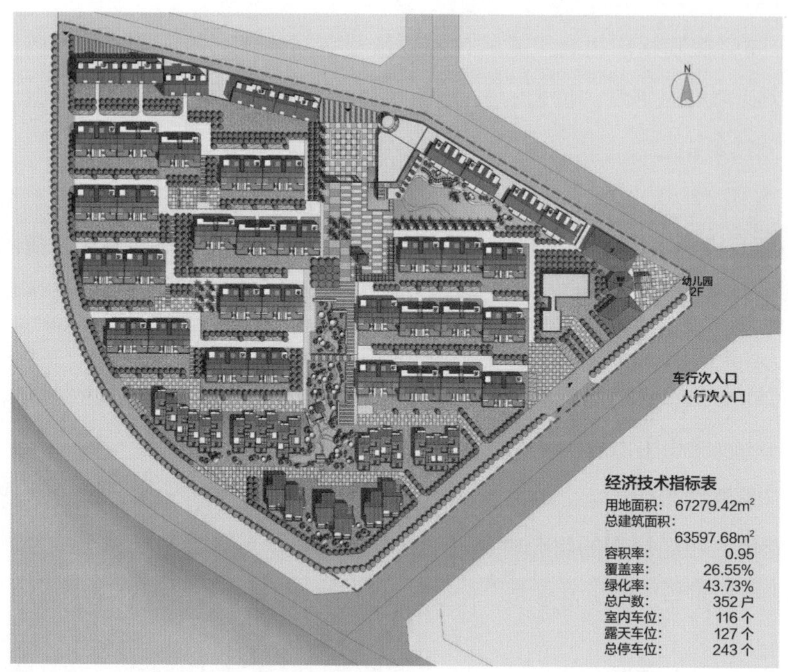

轴线式布局

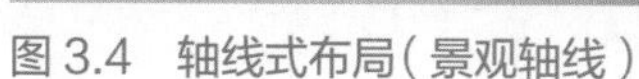

图 3.4 轴线式布局(景观轴线)

轴线式布局中，应注意空间的收放、长短、宽窄、急缓等要素的对比关系，并仔细推敲空间节点的设置内容。当轴线长度过大时，可以通过转折、曲化等设计手法，并结合建筑物及环境小品、绿化树种的处理，减少单调感。

特别提示

轴线式布局设计手法作为控制城市空间的重要方法，不仅适用于城市中心、广场等公共空间，常见的商业步行街、景观轴线带等也都是由线性空间来引导的，而且也适用于居住区。

4. 隐喻式布局形态

隐喻式布局是将某种特定并相关的事物作为设计形态的雏形，经过将事物的形态进行概括、提炼、抽象成建筑与环境的形态语言，使人产生视觉上的某种联想与呼应，从而增强环境的感染力，构成“意在象外”的升华境界（图 3.5）。

隐喻式布局注重对形态的概括，讲求形态的简洁、明了、易懂，同时应紧密联系相关理论，做到形、神、意的融合。

5. 片块式布局形态

隐喻式布局和片块式布局

这是传统居住区规划最为常用的布局形态。住宅建筑以日照间距为主要依据，遵循一定的规律排列组合，形成紧密联系的群体。它们不强调主次等级，成片成块、成组成团地布置，形成片块式布局（图 3.6）。

片块式布局应控制相同组合方式的住宅数量及空间位置，尽量采取按区域变化的方法，以强调可识别性。同时，片块之间应有绿地或水体、公共服务设施、道路等分隔，保证居住空间的舒适性。

6. 集约式布局形态

集约式布局将住宅和配套设施集中紧凑布置，并依靠科技进步，尽力开发地下空间，使地上空间垂直贯通，室内、室外空间渗透延伸，形成居住生活功能完善、空间流通的集约式布局空间（图 3.7）。

集约式布局

集约式布局由于节约用地，可以同时组织和丰富居民的邻里交往及生活活动，尤其适用于旧区改建和用地较为紧张的地区。

以上的主要规划布局形态，在实际运用中常常会组合、兼容，并且随着居住生活方式的变化，布局形态的组合种类还会增加和发展。可以设想，社会的发展将会使规划结构与布局形态丰富多彩，使我们的居住空间异彩纷呈。

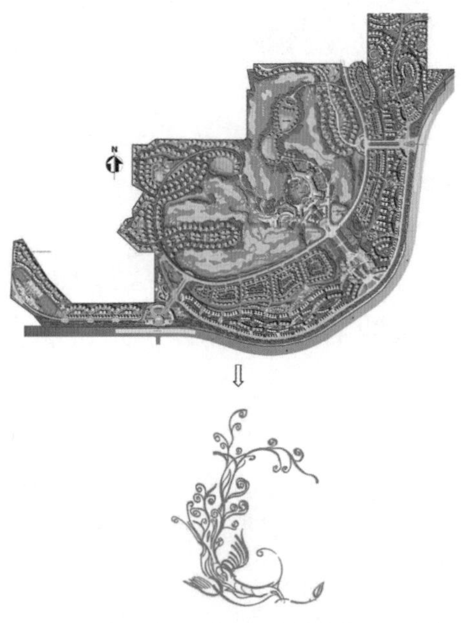

图 3.5 隐喻式布局（有凤来仪的构思形态）

图 3.6 片块式布局

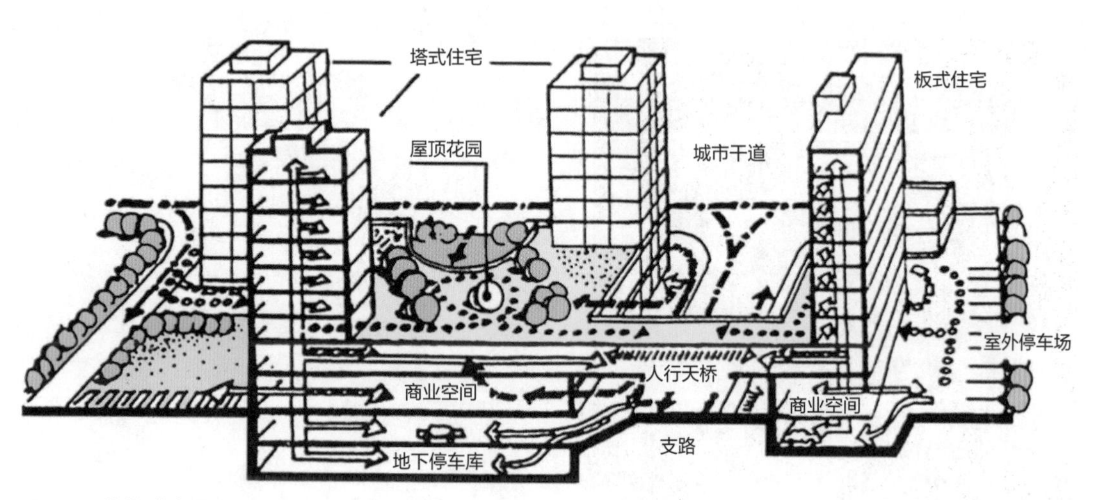

图 3.7 集约式布局

3.3 居住区规划结构优秀案例赏析

1. 重庆水榭花都规划

如图 3.8～图 3.10 所示，建筑单体布置尽量利用基地山体背景布置，背山望水，形成“山—城—水”依山傍水的空间立体结构。

基地内地势变化丰富，有谷底也有山地，结合基地地势，划分为四个相对独立、各具特色的居住街坊。为了保护原有山形轮廓和地形地貌，建筑布局采用底层依山傍水，小高层退后与山体结合，逐步退台的手法，通过人工尺度烘托自然生态的大背景。

2. 广州金沙花城规划

规划方案保留原有的地形地貌，充分利用原有的自然资源，创造丰富的景观特色，如图 3.11、图 3.12 所示。

规划加强轴线的设计，强化南北中轴线的控制性，该轴与原地形中的六座山头形成环形山轴交结于中心湖，并以中心湖为景观核心，以生态理念，像树叶脉络纹理一样向四周派生出多条景观轴线，使整个规划整体性强、结构紧密。此外，还进一步加强居住街坊的围合，结合广州本地的气候特点，进行居住街坊设计，创造了一个开放型的社区，又发展了传统邻里关系的居住模式。

图 3.8　重庆水榭花都规划结构示意图

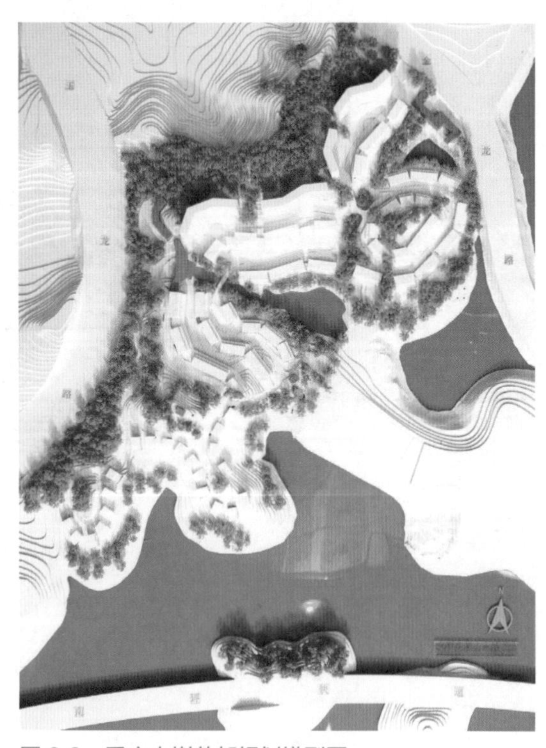

图 3.9　重庆水榭花都规划模型图

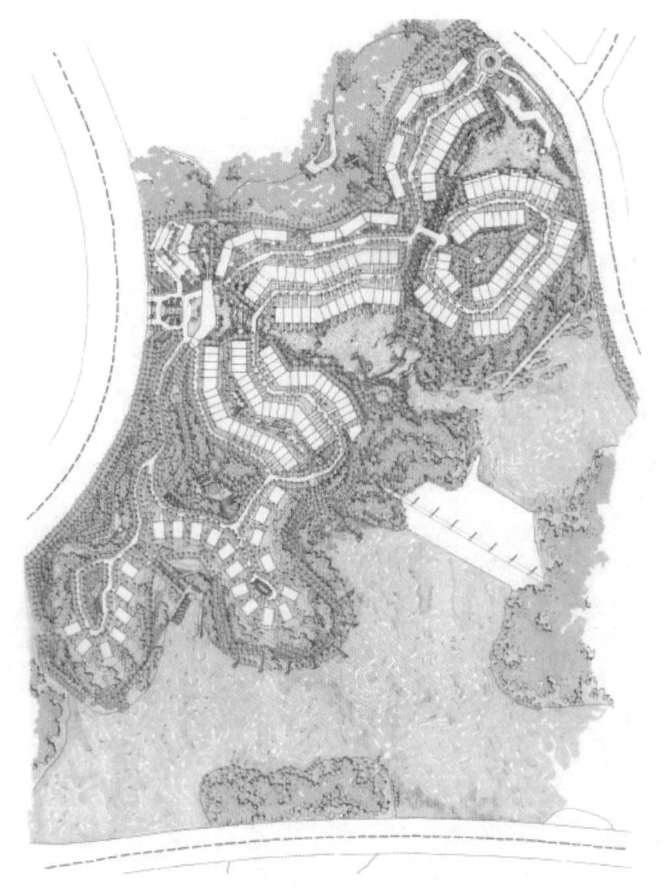

居住区规划结构

图 3.10　重庆水榭花都规划总平面图

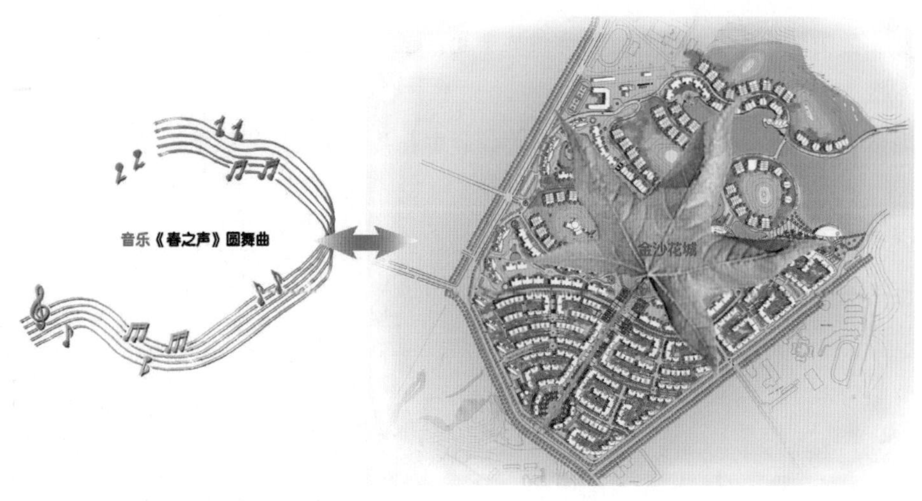

开放式居住区

图 3.11　广州金沙花城规划设计构思图

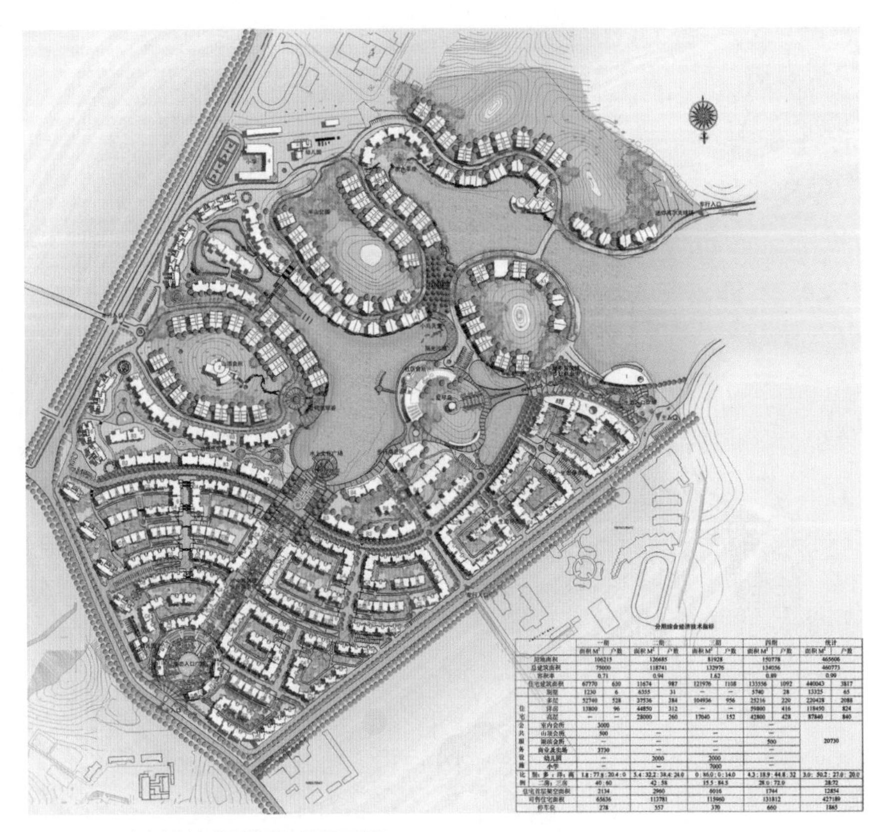

分期综合经济技术指标

		一期		二期		三期		四期		统计	
		面积M²	户数	面积M²	户数	面积M²	户数	面积M²	户数	面积M²	户数
用地面积		106215		126685		81928		150778		465606	
总建筑面积		75000		118741		132976		134056		460773	
容积率		0.71		0.94		1.62		0.89		0.99	
住宅建筑面积		67770	630	11674	987	121976	1108	133556	1092	440043	3817
住宅	别墅	1230	6	6355	31	—	—	5740	28	13325	65
	多层	52740	528	37536	384	104936	956	25216	220	220428	2088
	洋房	13800	96	44850	312	—	—	59800	416	118450	824
	高层	—	—	28000	260	17040	152	42800	428	87840	840
公共服务设施	室内会所	3000						—		20730	
	山顶会所	500		—		—		—			
	湖滨会所	—		—		—		500			
	商业及市场	3730		—		—		—			
	幼儿园	—		2000		2000		—			
	小学	—		—		7000		—			
比例	别：多：洋：高	1.8：77.8：20.4：0		5.4：32.2：38.4：24.0		0：86.0：0：14.0		4.3：18.9：44.8：32		3.0：50.2：27.0：20.0	
	二房：三房	40：60		42：58		15.5：84.5		28.0：72.0		28:72	
住宅首层架空面积		2134		2960		6016		1744		12854	
可售住宅面积		65636		113781		115960		131812		427189	
停车位		278		357		370		660		1865	

图 3.12　广州金沙花城规划总平面图

模块小结

本模块对居住区规划设计与构思进行了详细的阐述，包括居住区的规划结构形式和规划平面布局常用的形态。

通过对规划结构形式的了解，掌握居住区规划设计中公共服务设施的配置标准及居住区的规模分级。

同时，通过学习规划常用布局形态，掌握规划设计的基本手法与要求，并且能在居住区规划设计中灵活运用。

综合实训

根据在本模块中学到的内容，对课程设计给定的居住区地块进行规划布局设计，成果以概念草图的形式提交，表现形式不限。

模块 4

住宅建筑选型设计构思

教学目标

学生通过对居住区内住宅建筑类型与特点的学习，熟悉如何应用其进行总体布局，掌握居住区规划设计中住宅建筑的相关内容。

教学要求

能力目标	知识要点	权 重	自测分数
住宅建筑的类型及特点	建筑形式、建筑风格分类方法	20%	
住宅建筑平面及竖向选型	平面选型、竖向选型	20%	
住宅建筑群体的平面组合方式	行列式、周边式、点群式、混合式等类型	20%	
住宅建筑规划的卫生要求	日照、通风、朝向、噪声防治等要求	20%	
住宅建筑规划的防火与疏散要求	结合防火规范理解	20%	

模块导读

居住区由不同种类的住宅构成，在规划布局有了初步思路的同时，教师应引导学生根据规划结构，有针对性地进行建筑类型的选择。

华润上海中央公园

【引例】图 4.1 左侧是 JWDA 事务所设计的华润上海中央公园项目，右侧为针对该项目及规划布局所确定的建筑类型，可以看出有联排别墅及高层住宅等住宅建筑类型。

图 4.1　JWDA 事务所设计的华润上海中央公园项目及单体类型

4.1 住宅建筑的类型及特点

1. 按建筑形式分类

1）独栋别墅

独栋别墅英译为 House Villa，即独门独院，上有独立空间，下有私家花园领地，是私密性很强的独立式住宅，一般房屋周围都有面积不等的绿地、院落。独栋别墅是最悠久的别墅之一，私密性强，市场价格较高，也是别墅建筑的最高端形式，如图 4.2 所示。

2）双拼别墅

双拼别墅是联排别墅与独栋别墅之间的中间产品，由两个单元的别墅拼联组成的单栋别墅，如图 4.3 所示。

独栋别墅和双拼别墅

图 4.2 中都青山湖畔独栋别墅

图 4.3 安古新嘉园住宅小区方案

3）联排别墅

联排别墅英译为 Townhouse，它是由几幢小于三层的单户别墅并联组成的联排式住宅，一排 2～4 层单元并排在一起，几个单元共用外墙，有统一的平面设计和独立的门户，如图 4.4 所示。建筑面积一般是每户 250m^2 左右，每户独门独院，设有 1～2 个车位，还有地下室。

联排别墅

图 4.4 深圳梅林星河 · 丹堤内联排别墅街景

知识点滴

联排别墅于 19 世纪四五十年代英国新城镇时期出现，在欧洲原始意义上是指在城区联排而建的市民住宅，这种住宅均是沿街的，由于沿街的限制，所以都在基地上表现为大进深小面宽，层数一般在 3～5 层，而立面式样则体现为新旧混杂、各式各样。

4）花园洋房

花园洋房一般为 6 层以下多层板式建筑，以 4 层为主，异国建筑风格，强调景观均好，绿化率比较高，普遍存在于远郊区一带，一般首层赠送花园，顶层赠送露台，也有将户外绿化景观引入室内的情况，如图 4.5 所示。目前居住区项目中存在的花园洋房项目较多，金地格林小镇、奥林匹克花园等项目均属于典型的广义花园洋房项目。花园洋房介于别墅和普通公寓之间，它具有部分别墅（独栋和联排别墅）的优点，又不可能完全脱离城市的繁华和便利，因此从某种程度上看，其在地理区位上也位于别墅区和主城区之间。

知识点滴

国内的花园洋房源于上海，自 19 世纪中期起，为上海、福建和广东一带上流社会所专属，是西方文明和生活方式与中国文化交织的产物。更为具体地说，它是当时的国内房地产开发商顺应上海租界辟建而带来的市场需求，针对特定少数权贵，采用西方的建筑形式和新的工程技术、新型建筑材料开发出来的具有稀缺性的高利润住宅产品。从现在房地产观点来看，当时的花园洋房相当于目前房地产市场中的独栋别墅。然而，现今市场中相继出现的花园洋房和当年的花园洋房已相去甚远。

花园洋房

图 4.5 汉嘉国际社区花园洋房

5）多层住宅

根据《建筑设计防火规范》GB 50016—2014 表 5.1.1 规定，建筑高度不大于 27m 的住宅建筑为多层住宅。多层住宅一般以数户围绕一个楼梯间来划分单元，这样能保证每户都有较好的使用条件。为了调整户型方便，单元间也可以咬接，如图 4.6 所示。

6）小高层住宅

小高层住宅是指楼层在 8～11 层，配备电梯的住宅，如图 4.7 所示。在住房和城乡建设部颁布的有关规定中，没有小高层住宅这个概念，它是人们的习惯称谓。根据《住宅设计规范》GB 50096—2011 中第 6.4.1 条的规定，7 层及以上的住宅必须配电梯，所以小高层住宅属于配电梯的范围，它的特点是方便的同时又能给生活带来一种新的高度。自 1996 年上海、深圳等地出现小高层楼盘，并取得骄人的销售业绩后，小高层住宅开始走俏。

7）高层住宅

根据《建筑设计防火规范》第 2.1.1 条的规定，建筑高度大于 27m 的住宅建筑为高层住宅，如图 4.8 所示。

多层住宅、小高层住宅、高层住宅

图 4.6　中海·临安府项目（青岛）

图 4.7　浦东三林地块小高层住宅

图 4.8　九鼎国际城高层住宅

2. 按建筑风格分类

住宅建筑风格多样，如图 4.9 所示，每种大的风格下都有若干种不同的变化，仅以西方古典式举例，西方古典风格住宅包含地中海式、法式、英式风格等，地中海式又包含西班牙式、意大利式风格等。所以本书提到的西方古典、东方古典、西方现代、东方现代等都只是根据现在地产市场流行风格做出的一个粗浅概括性描述。

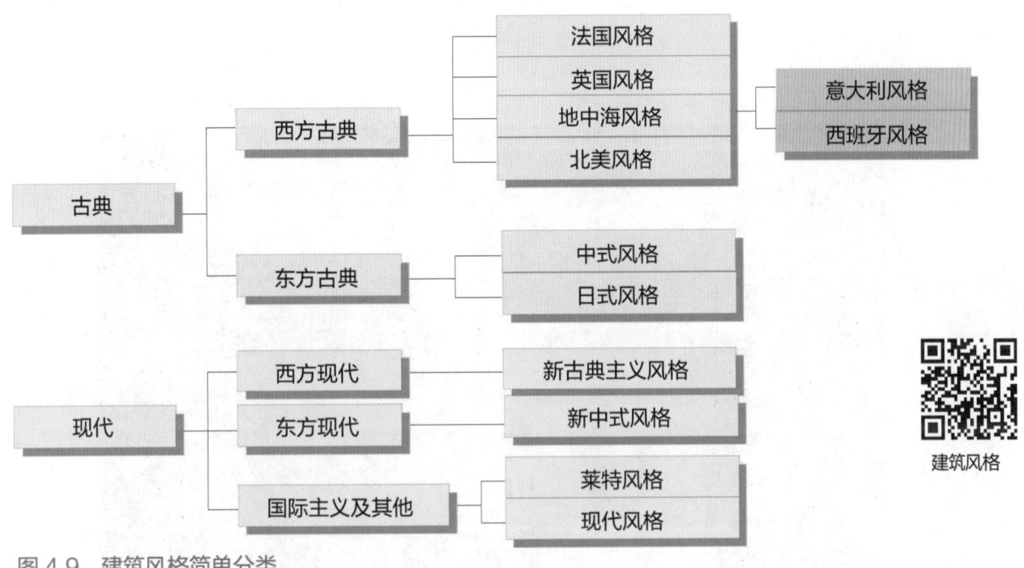

图 4.9 建筑风格简单分类

1）古典风格住宅

最近比较流行的几种住宅风格主要集中在地中海式、法式风格、中式风格上，如图 4.10～图 4.12 所示。

2）现代风格住宅

现代风格的住宅基本上都是西方现代主义风格及其变体，建筑外观一般配以大面积墙及玻璃或简单构架，在色彩上以大面积浅色为主，装饰相对简化，追求一种轻松、清新、现代感的气氛，如图 4.13 所示。

新中式风格住宅庭、院、门的塑造采用中国传统民居的建筑符号，如安徽的马头墙、北京四合院的垂花门、云南的“一颗印”、广东的“镬斗屋”、江南的“四水归堂”天井院等，经仔细推敲，进行重新组合和构置，形成一种打破时间、空间维度限制的全新建筑环境。同时也适时地进行现代建筑材料手法的运用，合理地与古典主义相融合，钢、玻璃、大面积开窗及室内空间的合理重构，为现代生活方式提供良好的适应性。在色彩上，采用素雅、朴实的颜色，穿插少许亮色，使整个社区给人一种古朴、典雅又不失现代的亲和感觉（图 4.14）。新中式风格住宅最典型代表为万科集团开发的第五园项目。

在全球化浪潮影响下，传统建筑文化的传承与创新已经成为我国建筑师关注的热点问题，中国传统建筑是中国历史悠久的传统文化最直观的传承载体和表现形式，是我们丰富而宝贵的文化财富。在进行居住区建筑风格的创作时，应深入贯彻落实党的二十大精神，坚定文化自信，植根本国、本民族历史文化沃土，从城市文化、历史文脉、地域特色的角度出发，提取传统建筑形象中最具特色的部分，加以创造性转化、创新性发展，再结合现代使用需求，运用到现实创作中，设计出既具文化内涵又有时代特征的建筑作品，不断推进我国人居环境焕发富有民族特色的新活力。

图 4.10　深圳招商华侨城曦城地中海式风格住宅

图 4.11　上海新江湾城法式风格住宅

图 4.12　广州云山诗意花园二期中式风格住宅

现代风格

图 4.13　芜湖世茂滨江花园现代风格住宅

现代中式风格

图 4.14　西溪里随园新中式风格住宅

特别提示

本节对住宅建筑类型的划分主要基于别墅、多层、高层的形式分类及中式、欧式的风格分类，需要强调的是，这只是基于当下纷繁复杂的住宅市场而采用的较为浅显的分类方法，从严格意义上来讲，无论每种住宅建筑形式如何、风格怎样，都从属于某几种类型，在具体设计时，应该不拘泥于具体形式，而应该根据上级规划及项目定位，做出最适合该项目的选择。这也是贯彻党的二十大提出的坚持胸怀天下的精神，即以海纳百川的宽阔胸襟借鉴吸收人类一切优秀文明成果，推动建设更加美好的世界。

4.2 住宅建筑平面及竖向选型

住宅建筑平面类型基本分为单元式和低层式两大类。多层、小高层及高层住宅多采用单元式平面；独栋别墅、双拼别墅、联排别墅、花园洋房多采用低层式平面。

1. 单元式住宅平面选型

单元式住宅由于在竖向和水平公共交通组织上的不同处理而产生了梯间式、内廊式、外廊式等各种类型的住宅，还有形体上做一些变化的台阶式住宅等。又由于在水平和竖向上空间利用的不同而产生了各种不同的单元形式。如在水平面上的变化产生了大进深式和内天井式住宅；在竖向上的变化产生了跃层式和错层式住宅。

1）梯间式住宅

梯间式住宅每层联系的户数一般在 2～4 户，户数愈少，由公共楼梯间所引起的对住房的影响就愈小；同时也能更好地保证住户的私密性和良好的通风采光条件。梯间式住宅的套型可以由不同户型的组合搭配而成，本文仅以一梯两户与一梯三户套型举例，图 4.15 为相同户型构成的一梯两户梯间式住宅套型，图 4.16、图 4.17 为不同户型构成的一梯两户梯间式住宅套型；图 4.18～图 4.20 为不同户型组成的一梯三户梯间式住宅套型。

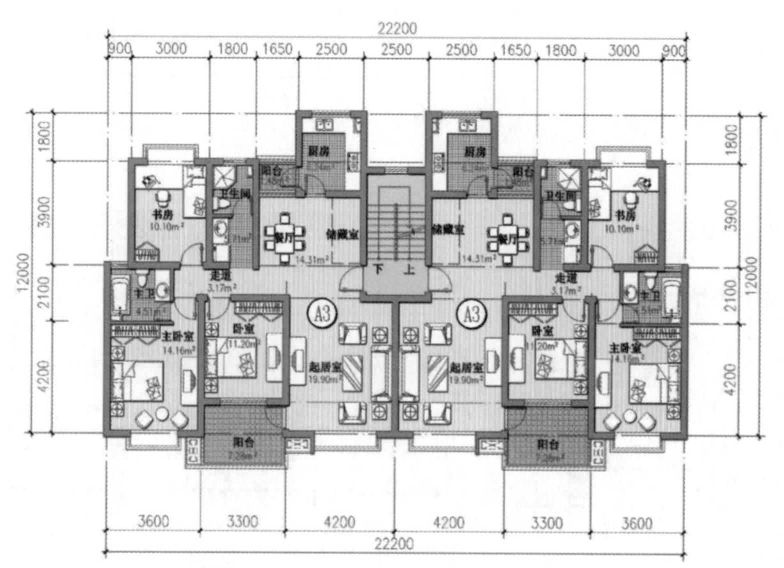

图 4.15　户型相同的一梯两户梯间式住宅平面示意

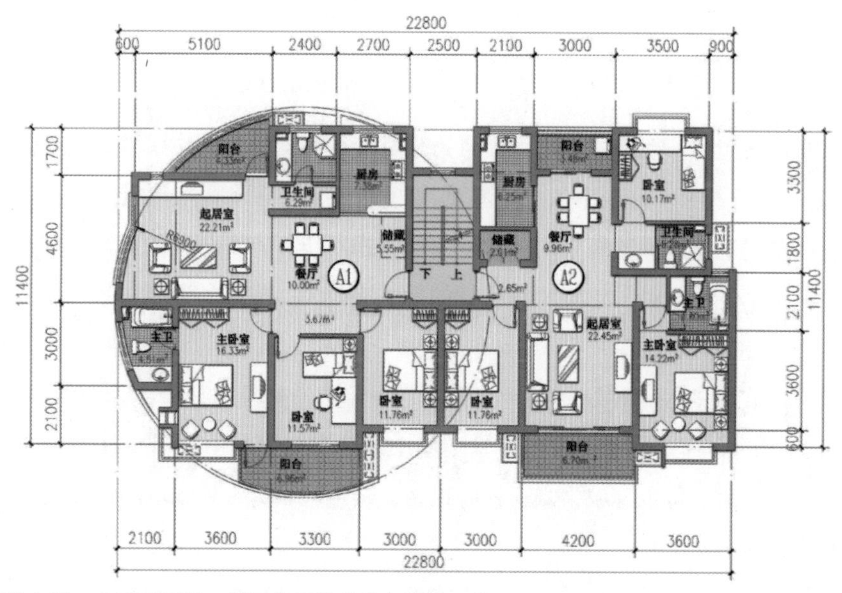

图 4.16　户型不同的一梯两户梯间式住宅平面示意一

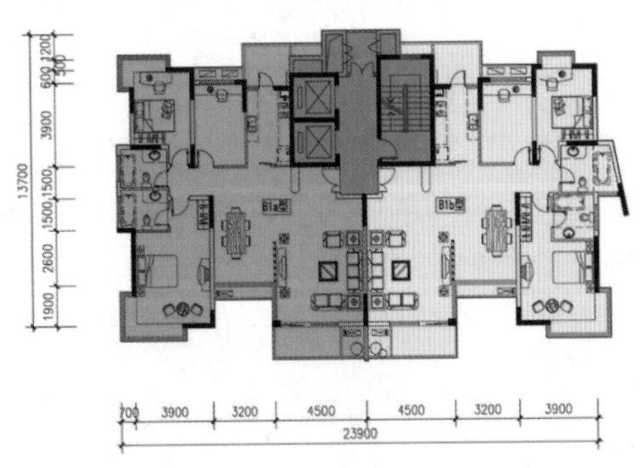

图 4.17　户型不同的一梯两户梯间式住宅平面示意二

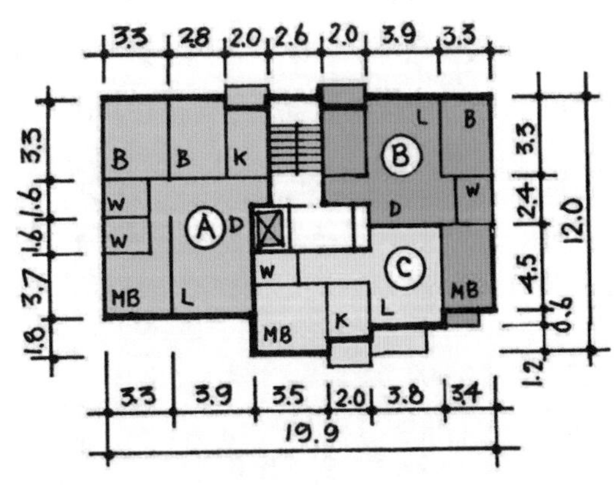

图 4.18　户型不同的一梯三户梯间式住宅平面示意一

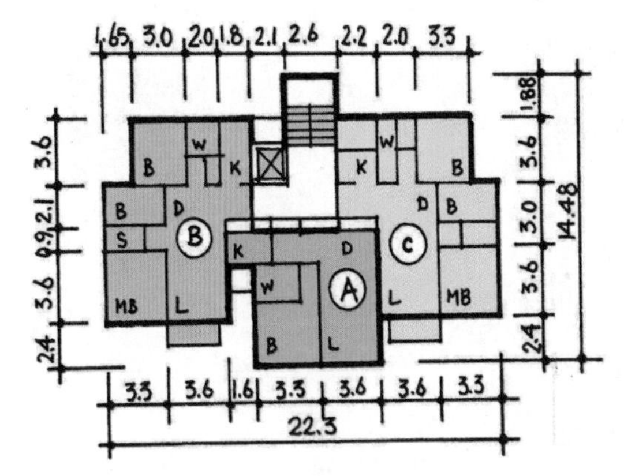

图 4.19　户型不同的一梯三户梯间式住宅平面示意二

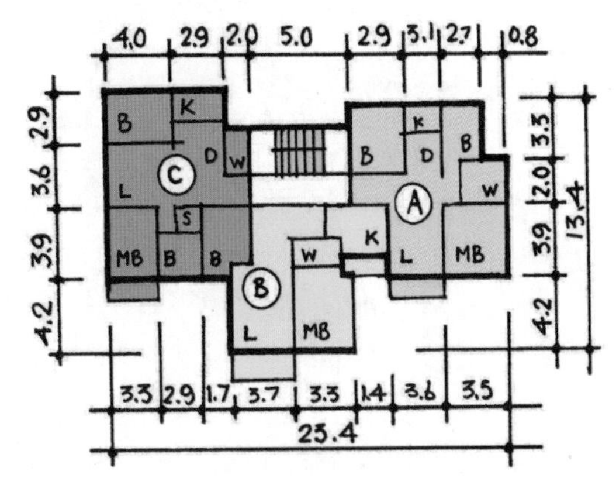

图 4.20　户型不同的一梯三户梯间式住宅平面示意三

2）内廊式和外廊式住宅

外廊式住宅每层联系的户数一般在 4 户以上，且每户都能得到均等的居住条件。由于公共外廊对住房的私密性有一定影响，故居室的位置宜远离外廊安排，靠外廊一侧宜安排辅助用房，如厕所、厨房、储藏室等。高层建筑中的公共外廊应考虑对步行有安全感的设计，如设窗封闭外廊。内廊式住宅走廊光线较暗，对住房私密性的影响亦较大，住户的通风、采光条件也不良。

内廊式和外廊式住宅在计划经济体制时期经常采用，由于建造标准与户型设计质量不高，现已很少采用，目前出现的内廊式和外廊式建筑基本集中在公寓类项目中。图 4.21 为北京五栋大楼项目公寓楼标准层平面，紫色区域为交通核心地带，灰色区域为内外廊空间。

2. 低层式住宅平面选型

低层式住宅主要是指建造和设计规格较高的别墅类住宅，低层式住宅平面有独立式、双拼

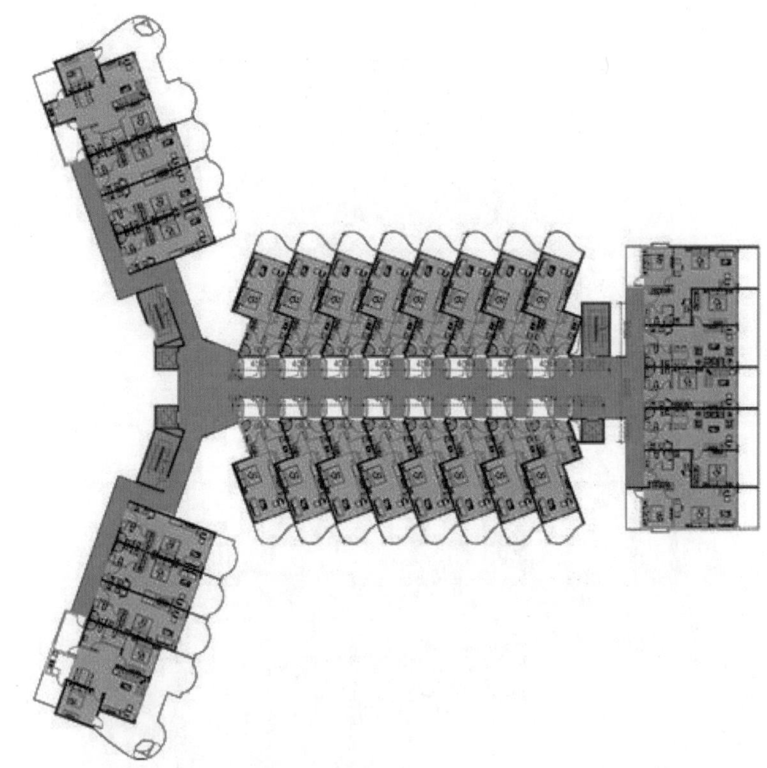

外廊、内廊式住宅

图 4.21 典型内廊式和外廊式公寓平面示意

式和联排式住宅三种，层数为 1～3 层。每种类型的住宅每户都占有一块独立的住宅基地。基地规模根据住宅类型、住宅标准和住宅形式的不同，面积一般为 500～2500m^2。每户都有前院和后院。前院为生活性花园，通常面向景观和朝向较好的方向，并和生活步行道联系；后院为服务性院落，出口与通车道路连接。独立式和双拼式住宅每户可设车库。

1）独立式住宅

独立式住宅平面即独栋别墅的平面，独立式住宅通常拥有较大的基地，住宅四周均可直接通风和采光。图 4.22～图 4.24 为绿城集团上海玫瑰园豪宅小区中都青山湖畔 · 绿野清风平面图。

2）双拼式住宅

双拼式住宅平面通常为双拼别墅的平面，双拼式住宅为两栋住宅并列建造，住宅有三面可直接通风采光，可布置车库。双拼式住宅基地较独立式住宅基地要小。图 4.25 为临沂曦园生态住宅双拼别墅一层平面图。

3）联排式住宅

联排式住宅平面通常为联排别墅的平面，联排式住宅为一栋栋住宅相互连接建造，占地规模最小，每栋住宅占地面宽从 6.5～13.5m 不等。图 4.26 为浦江镇 122 号地块联排别墅平面图。

独立式住宅

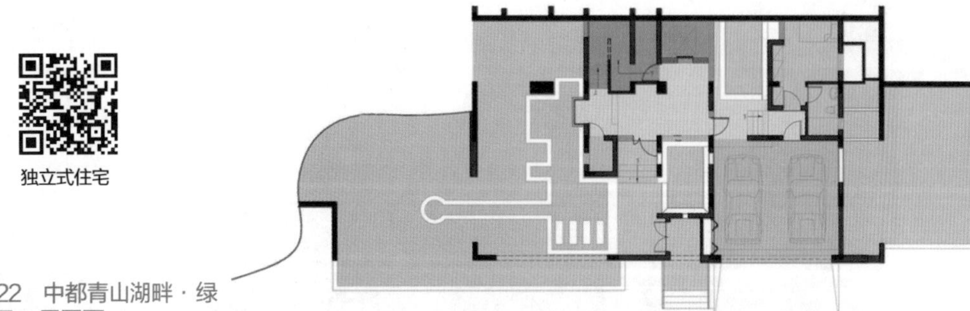

图 4.22　中都青山湖畔 · 绿野清风一层平面

图 4.23　中都青山湖畔 · 绿野清风二层平面

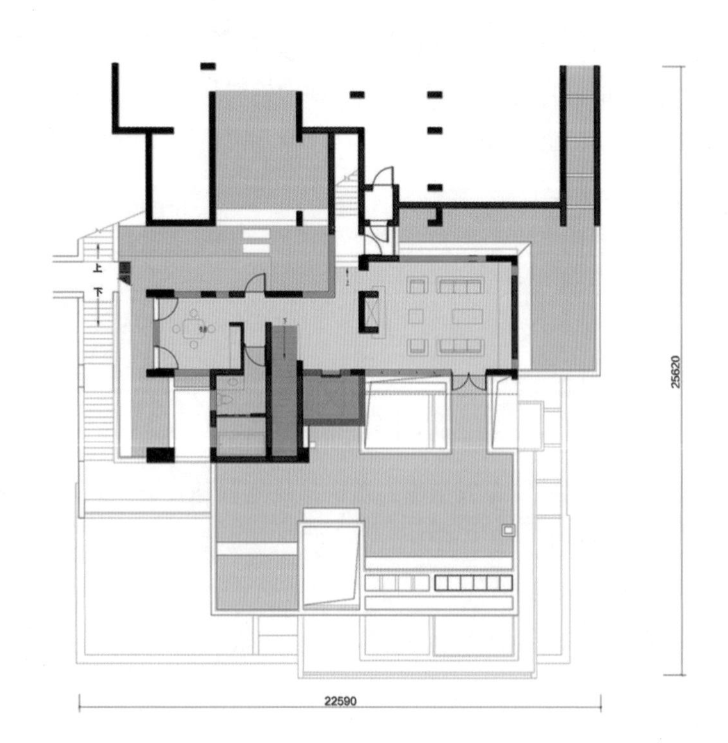

图 4.24　中都青山湖畔 · 绿野清风三层平面

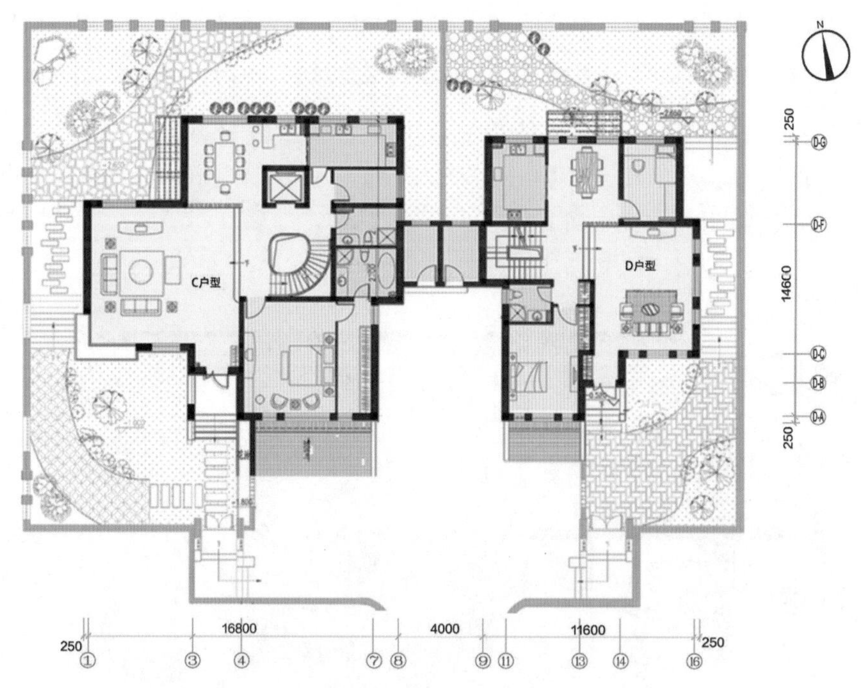

图 4.25　临沂曦园生态住宅双拼别墅一层平面

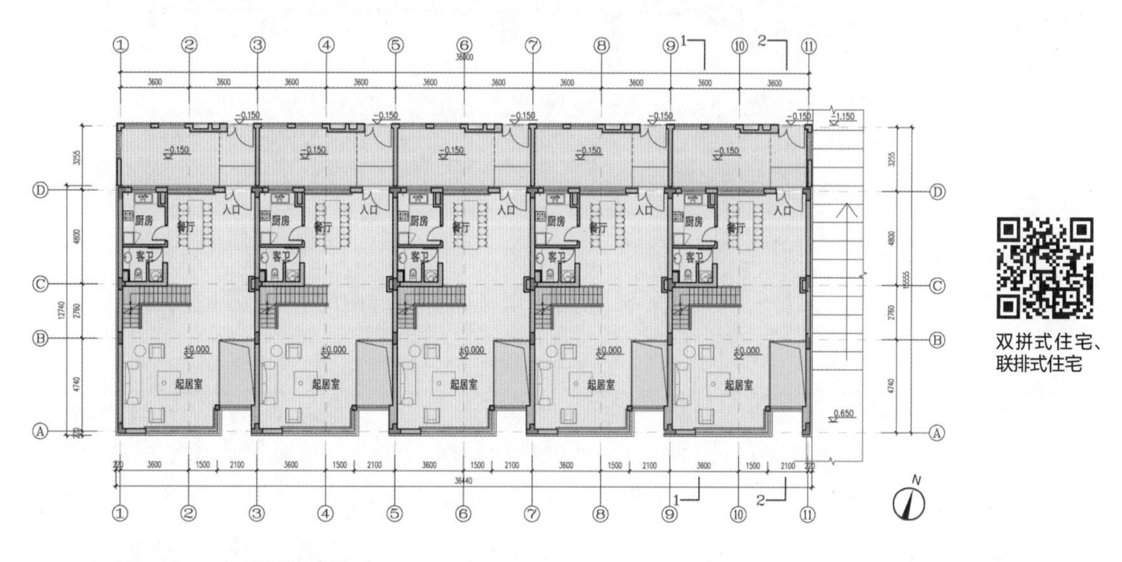

图 4.26　浦江镇 122 号地块联排别墅平面

双拼式住宅、联排式住宅

3. 住宅建筑竖向选型

住宅建筑通常都是平层，在竖向上有变化的有跃层式、错层式、复式等几种类型。

1）跃层式住宅

跃层式住宅是近年来推广的一种新颖住宅建筑形式。其特点是：有上下两层楼面、卧室、起居室、客厅、卫生间、厨房及其他辅助用房，上下层间的通道不通过公共楼梯，而采用户内独用的小楼梯连接。跃层式住宅的优点是每户都有较大的采光面；通风较好，户内居住面积和辅助面积较大，布局紧凑，功能明确；相互干扰较小。在高层建筑中，由于每两层才设电梯平台，可缩小电梯公共平台面积，提高空间使用效率。但这类住宅也有不足之处，户内楼梯要占去一定的使用面积，同时由于二层只有一个出口，发生火灾时，人员不易疏散，消防人员也不易迅速进入。图 4.27 为跃层式住宅竖向空间示意。

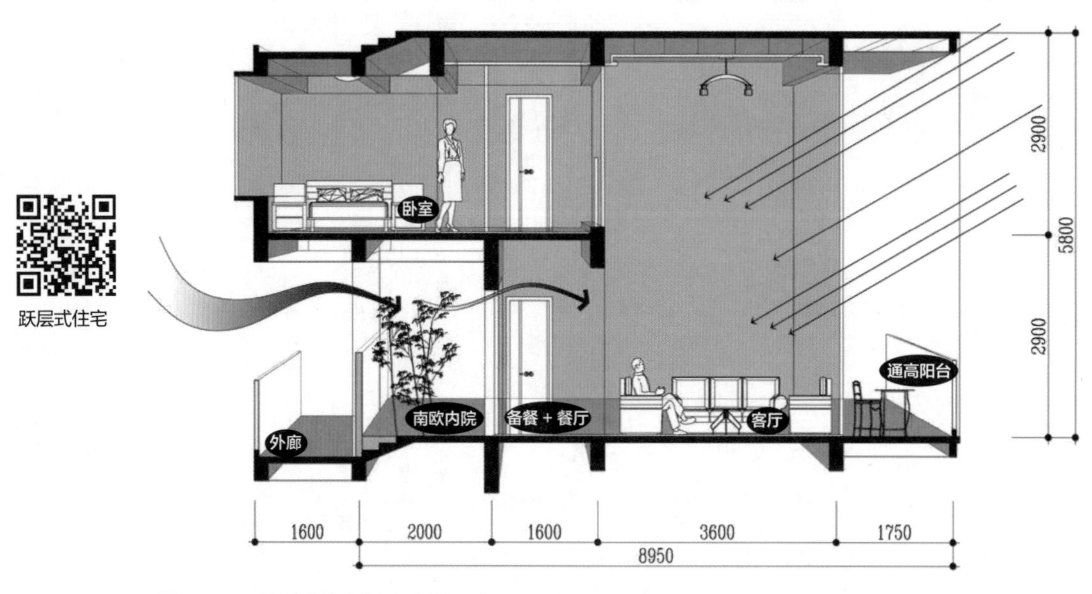

图 4.27　跃层式住宅竖向空间示意

2）错层式住宅与复式住宅

错层式住宅主要指的是一套房子不处于同一个平面，即房内的客厅、卧室、卫生间、厨房、阳台处于几个高度不同的平面上。

复式住宅是受跃层式住宅设计构思启发，仍每户占有上下两层，实际是在层高较高的一层楼中增建一个夹层，两层合计的层高要远远低于跃层式住宅，通常复式住宅层高设计为 3.3m，而跃层式住宅层高为 5.6m。复式住宅的下层供起居、炊事、进餐、洗浴用，上层供休息、睡觉和储藏用，户内设多处入墙式壁柜和楼梯，位于中间的楼板也是上层的地板。一层的厨房高 2m，上层储藏间高 1.2m；一层起居室高 2m，上层直接作为卧室的床面，人可坐起但无法直立。

错层式住宅和复式住宅有一个共同的特征，区别于平面式的住宅，平面式住宅表示一户人家的客厅、卧室、卫生间、厨房等所有房间都处于同一层面，而错层式和复式住宅内的各个房间则处于不同层面。错层式住宅和复式住宅的区别在于尽管两种住宅均处于不同层面，但复式住宅层高往往超过一人高度，相当于两层楼，而错层式住宅每层高度低于一人，人站立在第一层面平视可看到第二层面。因此错层有“压缩了的复式”之称。另外，复式住宅的一、二层楼面往往垂直投影，上下面积大小一致；而错层式住宅两个（或三个）楼面并非垂直相叠，而是互相以不等高形式错开。图 4.28 为错层式住宅竖向空间示意，图 4.29 为国外某复式住宅竖向空间示意。

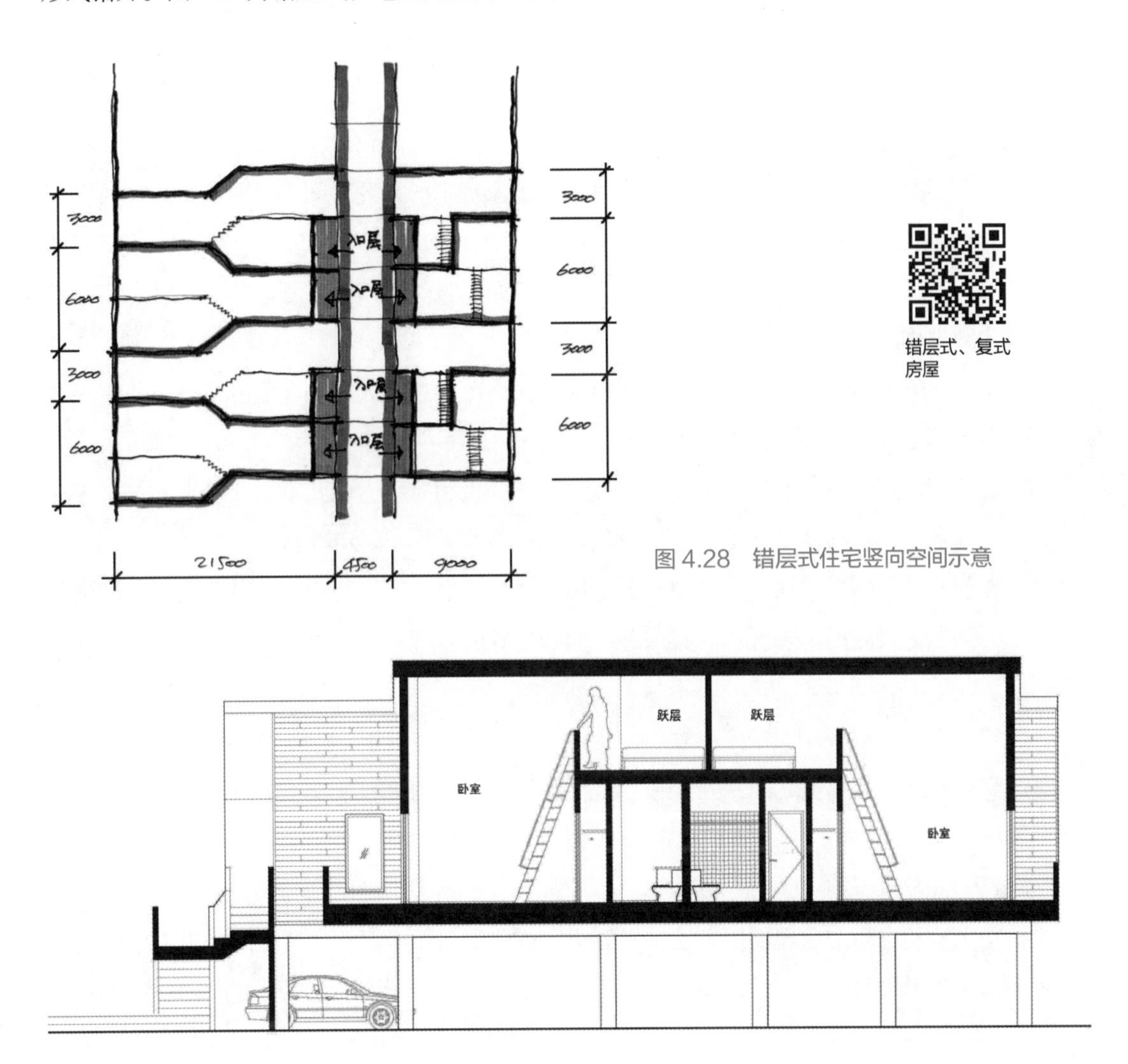

图 4.28 错层式住宅竖向空间示意

图 4.29 国外某复式住宅竖向空间示意

特别提示

住宅建筑平面类型基本分为单元式和低层式两大类。低层式住宅的平面布局方式与单元式住宅相似，但是规格较高，所以基本应用于空间品质、环境景观要求更高的别墅类住宅建筑。

4.3 住宅建筑群体的平面组合

1. 住宅建筑群体平面组合的原则

住宅建筑群体平面组合应遵循以下几个原则。

1）功能方面

（1）日照。日照指保证住宅每户主要居室获得国家规定的日照时间和日照质量，同时保证居住区室外活动场地有良好的日照条件。

（2）通风。通风指保证住宅之间和住宅内部有良好的自然通风，并考虑不同地区、不同季节主导风向对群体组合的影响。

（3）安静。安静指对外部噪声的防治，避免组群内部有过境人流和车流的穿越，使室内与室外环境符合国家规定的噪声允许标准。

（4）舒适。舒适指室外环境设施（包括绿地）的数量和质量，如儿童游戏场地、老年人和成年人休息场地、体育活动场地等。这些设施目前我国尚无统一的定额标准。

（5）方便。方便指根据居民活动规律，组织交通（如上下班、购物、休息等活动）达到出行便捷、公共服务设施的配套程度及其服务时间和方式的合理性。此外，还应便于门牌编号和垃圾收集。

（6）安全。安全指防盗、防交通事故、防火灾、防地震灾害等要求，特别是安全防盗尤为重要。

（7）交往。交往指邻里之间相互交往，提供居民交往的场所和增加生活气氛，使居民产生邻里归属感。

2）经济方面

主要指土地和空间的合理使用，通常以容积率或建筑面积密度和建筑密度作为主要的技术经济指标来衡量和控制。

3）美观方面

居住建筑是城市重要的物质景观要素，而居住区是城市风貌的重要组成部分。居住区的景观不仅取决于建筑单体的造型、色彩，还取决于群体的空间组合以及绿化和环境小品等的整体设计。住宅组群的设计应力求打破千篇一律和单调呆板的形式，努力创造富有地方特色、充满生活气息的亲切、明快和和谐的居住环境。

2. 住宅建筑群体平面组合的方式

住宅建筑群体平面组合的基本形式有行列式、周边式、点群式三种，此外还有混合式。

1）行列式

行列式是板式单元住宅或联排式住宅按一定朝向和间距成排布置，使每户都能获得良好的日照和通风条件，便于布置道路、管网，方便工业化施工。整齐的住宅排列在平面构图上有强烈的规律性，但形成的空间往往单调呆板，如果能在住宅排列组合中，注意避免兵营式的布置，多考虑住宅群体建筑空间的变化，仍可达到良好的景观效果（图 4.30）。根据规划布局，行列式可以有平行排列、交错排列、扇形排列等多种组合方式。

图4.30　行列式平面

住宅群体组合

2）周边式

住宅沿街坊或院落周边布置，形成封闭或半封闭的内院空间，院内安静、安全、方便，有利于布置室外活动场地、小块公共绿地和小型公共建筑等居民交流场所，一般比较适合于寒冷多风沙地区。周边式布置住宅可节约用地，提高居住建筑面积密度，但部分住宅朝向较差，在地形起伏较大地段会造成较多的土石方工程量。如图 4.31 所示。

3）点群式

点群式住宅布局包括低层独院式住宅、多层点式住宅及高层塔式住宅布局，点群式住宅自成街坊或围绕住宅中心建筑、公共绿地、水面有规律地或自由布置（图 4.32），运用得当可丰富建筑群体空间，形成特色。点群式住宅布置灵活，便于利用地形，但在寒冷地区外墙太多对节能不利。

4）混合式

混合式是行列式、周边式、点群式三种基本形式的结合或变形的组合形式。图 4.33 所示为混合式平面布局的居住区，北侧沿街为高层板式建筑，向南依次为点式小高层、联排别墅和独栋别墅。

图 4.31　周边式平面

图4.32　点群式平面

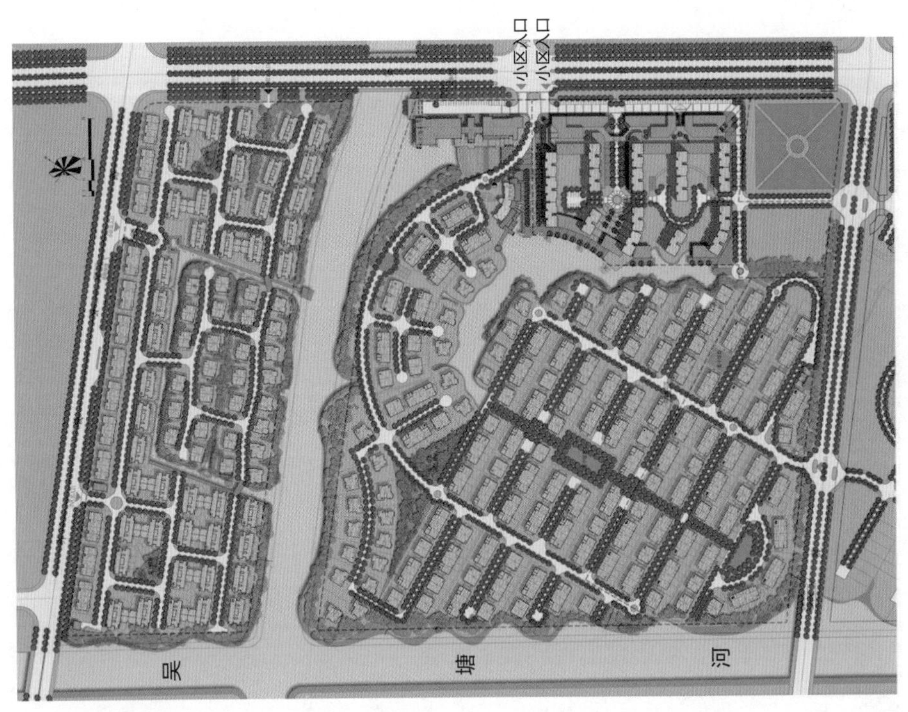

图4.33 混合式平面

特别提示

住宅群体平面组合的基本形式有行列式、周边式、点群式三种，此外还有混合式。在上级规划对于住宅建筑类型界定较为清晰的时候，可以利用住宅建筑类型的不同，对住宅群体平面组合进行设计。

4.4 住宅建筑规划的卫生要求

1. 日照

住宅建筑群体的平面组合首先应遵循以下几个原则。

1）日照标准

住宅室内的日照标准一般由日照时间和日照质量来衡量。不同纬度的地区对日照要求不同。高纬度地区更需要长时间日照；不同季节对日照要求也不同，冬季要求较高，所以日照时间一般以冬至日或大寒日的有效日照时数为标准，表 4.1 为住宅建筑日照标准。

表4.1 住宅建筑日照标准

建筑气候区划分	Ⅰ、Ⅱ、Ⅲ、Ⅶ气候区		Ⅳ气候区		Ⅴ、Ⅵ气候区
城市常住人口/万人	≥50	<50	≥50	<50	无限定
日照标准/日	大寒日			冬至日	
日照时数/小时	≥2	≥3		≥1	
有效日照时带（当地真太阳时）/小时	8～16			9～15	
计算起点	底层窗台面				

注：底层窗台面是指距室内地坪0.9m高的外墙位置。

2）日照间距

在住宅群体组合中，为保证每户都能获得规定的日照时间和日照质量而要求住宅长轴外墙之间保持一定的距离，即为日照间距。根据地理位置的不同，我国各地区对于日照间距的要求也不同，具体的可参考各地城市规划管理技术规定。

2. 通风

住宅应该享有良好的自然通风，我国地处北温带，南北气候差异较大，炎热地区夏季需要加强住宅的自然通风；潮湿地区良好的自然通风可以使空气干燥；寒冷地区则存在冬季住宅防风、防寒的问题，因此恰当地组织自然通风是为居民创造良好居住环境的措施之一。住宅的自然通风不仅受到大气环流所引起的大范围风向变化的影响，而且还受到局部地形特点所引起的风向变化的影响。

住宅建筑群体平面组合布置方式与自然通风的关系如下。

（1）行列式布置——调整住宅朝向引导气流进入住宅群内，使气流从斜方向进入建筑群体内部，从而可减小风力，改善通风效果。

（2）周边式布置——在群体内部和背风区以及转角处会出现气流停滞区，旋涡范围较大，但在严寒地区则可阻止冷风的侵袭。

（3）点群式布置——由于单体挡风面较小，比较有利于通风，但当建筑密度较高时也会影响群体内部的通风效果。

（4）混合式布置——自然气流较难到达中心部位，要采取增加或扩大缺口的办法，适当加一些点式单元或塔式单元，不仅可提高用地的利用率，而且能够改善建筑群体的通风效果。

3. 朝向

住宅的朝向与日照时间、太阳辐射强度、常年主导风向及地形等因素有关，通过综合考虑上述因素，可以为每个城市确定建筑的适宜朝向范围。影响住宅朝向的因素有地理纬度、地段环境、局部气候特征及建筑用地条件等。

朝向选择需要考虑的因素包括以下几条。

（1）冬季能有适量并具有一定质量的阳光射入室内。

（2）炎热季节尽量避免太阳直射室内和居室外墙面。

（3）夏季有良好的通风，冬季避免冷风吹袭。

（4）充分利用地形，节约用地。

（5）考虑居住建筑空间组合的需要。

（6）日照和通风是评价住宅室内环境质量的主要标准。

4. 噪声防治

噪声对人的危害是多方面的，它不仅干扰人的生活工作、休息，而且还会损害听觉和引起神经系统和心血管方面的许多疾病，因此，噪声防治已被提到环境保护的范畴来加以研究。影响居住区生活的噪声包括道路交通噪声、邻近工业区的噪声、人群活动噪声。

具体防治噪声的办法有：合理组织城市交通，明确各级道路分工，减少过境车辆穿越居住区和住宅群体的机会。控制噪声源和削弱噪声的传递，对居住区中一些主要噪声源，如学校、工业作坊、菜场、青少年及儿童活动场地等，在满足使用要求的前提下，应与住宅群体有一定的距离和间距，尽量减少噪声对住宅的影响，同时还可以充分利用天然的地形屏障、绿化带等来削弱噪声的传递，降低影响住宅的噪声级。住宅群布置应与周围的绿化系统一起考虑，绿篱能反射 75% 的噪声。利用噪声传播特点，在群体布置时，将对噪声限制要求不高的公共建筑布置在靠近噪声源一侧，还可将住宅中辅助房间或外廊朝向道路或噪声源一侧。在住宅群体的规划中利用地形的高低起伏作为阻止噪声传播的天然屏障，特别在工矿区和山地城市，在进行居住区竖向规划时，应充分利用天然或地形条件，隔绝噪声对住宅的影响。

特别提示

住宅建筑规划的卫生要求主要包括日照、间距、噪声防治等几个方面，其中间距、噪声防治几个方面的要求较容易满足，而日照则是在进行居住区内住宅建筑布局时需要重点考虑的因素，并需要出具相应的日照分析图纸进行详细说明，如果日照的问题处理不善，非常容易引起后期住户与开发商之间的矛盾。

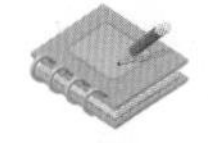

知识衔接

住宅建筑规划的防火与疏散要求

《建筑设计防火规范》GB 50016—2014 5 民用建筑中 5.5 安全疏散和避难中关于住宅建筑做出如下规定。

III　住宅建筑

5.5.25　住宅建筑安全出口的设置应符合下列规定：

1. 建筑高度不大于27m的建筑，当每个单元任一层的建筑面积大于650m²，或任一户门至最近安全出口的距离大于15m时，每个单元每层的安全出口不应少于2个；

2. 建筑高度大于27m、不大于54m的建筑，当每个单元任一层的建筑面积大于650m²，或任一户门至最近安全出口的距离大于10m时，每个单元每层的安全出口不应少于2个；

3. 建筑高度大于54m的建筑，每个单元每层的安全出口不应少于2个。

【条文说明】5.5.25 本条为强制性标准条文。本条规定为住宅建筑安全出口设置的基本要求，考虑到当前住宅建筑形式趋于多样化，条文未明确住宅建筑的具体类型，只根据住宅建筑单元每层的建筑面积和户门到安全出口的距离，分别规定了不同建筑高度住宅建筑安全出口的设置要求。

54m以上的住宅建筑，由于建筑高度大，人员相对较多，一旦发生火灾，烟和火易竖向蔓延，且蔓延速度快，而人员疏散路径长，疏散困难，故同时要求此类建筑每个单元每层设置不少于2个安全出口，以利于人员安全疏散。

5.5.26　建筑高度大于27m，但不大于54m的住宅建筑，每个单元设置一座疏散楼梯时，疏散楼梯应通至屋面，且单元之间的疏散楼梯应能通过屋面连通，户门应采用乙级防火门。当不能通至屋面或不能通过屋面连通时，应设置2个安全出口。

【条文说明】5.5.26 本条为强制性标准条文。将建筑的疏散楼梯通至屋顶，可使人员通过相邻单元的楼梯进行疏散，使之多一条疏散路径，以利于人员能及时避难。由于本规范已强制要求建筑高度大于54m的住宅建筑，每个单元应设置2个安全出口，而建筑高度大于27m，但小于或等于54m的住宅建筑，当每个单元任一层的建筑面积不大于650m²，或任一户门至最近安全出口的距离不大于10m，难以在每个单元设置2个安全出口时，可以通过将楼梯间通至屋面来满足2个不同疏散方向的要求。

5.5.27　住宅建筑的疏散楼梯设置应符合下列规定：

1. 建筑高度不大于21m的住宅建筑可采用敞开楼梯间；与电梯井相邻布置的疏散楼梯应采用封闭楼梯间，当户门采用乙级防火门时，仍可采用敞开楼梯间。

2. 建筑高度大于21m、不大于33m的住宅建筑应采用封闭楼梯间；当户门采用乙级防火门时，可采用敞开楼梯间。

3. 建筑高度大于33m的住宅建筑应采用防烟楼梯间。同一楼层或单元的户门不宜直接开向前室，确有困难时，开向前室的户门不应大于3樘且应采用乙级防火门。

【条文说明】5.5.27 楼梯间是火灾时人员在建筑内竖向疏散的唯一通道，原则上不防火的户门不应直接开向楼梯间，特别是高层住宅建筑的户门不应直接开向楼梯间的前室。对于建筑高度低于33m的住宅建筑，其竖向疏散距离较短，如每层每户通向楼梯间的门采用防火门与楼梯间分隔，能一定程度降低烟火进入楼梯间的危险，因而可以不设封闭楼梯间。电梯井是烟火竖向蔓延的通道，火灾和高温烟气可借助该竖井蔓延到建筑中的其他楼层，会给人员安全疏散和火灾的控制与扑救带来更大困难。因此，电梯与疏散楼梯的位置要尽量远离或将疏散楼梯设置为封闭楼梯间。

5.5.28　住宅单元的疏散楼梯，当分散设置确有困难且任一户门至最近疏散楼梯间入口的距离不大于10m时，可采用剪刀楼梯间，但应符合下列规定：

1. 应采用防烟楼梯间。

2. 梯段之间应设置耐火极限不低于1.00h的防火隔墙。

3. 楼梯间的前室不宜共用；共用时，前室的使用面积不应小于6.0m^2。

4. 楼梯间的前室或共用前室不宜与消防电梯的前室合用；合用时，合用前室的使用面积不应小于12.0m^2，且短边不应小于2.4m。

5. 两个楼梯间的加压送风系统不宜合用；合用时，应符合现行国家有关标准的规定。

【条文说明】5.5.28 有关说明参见本规范第5.5.10条的说明。楼梯间的防烟前室，要尽可能分别设置，以提高其防火安全性。对于合用前室的剪刀楼梯间，当需要共用防烟系统时，送风机和送风管道可以共用，但送风口不能共用。剪刀楼梯在首层的对外出口，要尽量分开设置在不同方向。当首层的公共区无可燃物且首层的户门不直接开向前室时，剪刀梯在首层的对外出口可以共用，但宽度需满足人员疏散的要求。

5.5.29　住宅建筑的安全疏散距离应符合下列规定：

1. 直通疏散走道的户门至最近安全出口的直线距离不应大于表5.5.29的规定。

表5.5.29　住宅建筑直通疏散走道的户门至最近安全出口的直线距离　单位：m

住宅建筑类别	位于两个安全出口之间的户门			位于袋形走道两侧或尽端的户门		
	一、二级	三级	四级	一、二级	三级	四级
单、多层	40	35	25	22	20	15
高层	40	—	—	20	—	—

注：① 开向敞开式外廊的户门至最近安全出口的最大直线距离可按本表的规定增加5m。
② 直通疏散走道的户门至最近敞开楼梯间的直线距离，当户门位于两个楼梯间之间时，应按本表的规定减少5m；当户门位于袋形走道两侧或尽端时，应按本表的规定减少2m。
③ 住宅建筑内全部设置自动喷水灭火系统时，其安全疏散距离可按本表及注①的规定增加25%。
④ 跃廊式住宅的户门至最近安全出口的距离，应从户门算起，小楼梯的一段距离可按其水平投影长度的1.50倍计算。

2. 楼梯间应在首层直通室外，或在首层采用扩大的封闭楼梯间或防烟楼梯间前室。层数不超过4层时，可将直通室外的门设置在离楼梯间不大于15m处。

3. 户内任一点至直通疏散走道的户门的直线距离不应大于表 5.5.29 规定的袋形走道两侧或尽端的疏散门至最近安全出口的最大直线距离。

注：跃层式住宅，户内楼梯的距离可按其梯段水平投影长度的 1.50 倍计算。

【条文说明】5.5.29 本条为强制性标准条文。本条规定了住宅建筑安全疏散距离的基本要求，有关说明参见本规范第 5.5.17 条的说明。

跃廊式住宅是用与楼梯、电梯连接的户外走廊将多个住户组合在一起的，而跃层式住宅则是在套内有多个楼层，户与户之间主要通过本单元的楼梯或电梯组合在一起的。跃层式住宅建筑的户外疏散路径较跃廊式住宅短，但套内的疏散距离则要长。因此，在考虑疏散距离时，跃廊式住宅则要将人员在此楼梯上的行走时间折算到水平走道上的时间，故采用小楼梯水平投影的 1.50 倍计算。为简化规定，对于跃层式住宅户内的小楼梯，户内楼梯的距离由原来规定按楼梯梯段总长度的水平投影尺寸计算，修改为按其梯段水平投影长度的 1.50 倍计算。

5.5.30　住宅建筑的户门、安全出口、疏散走道和疏散楼梯的各自总净宽度应经计算确定，且户门和安全出口的净宽度不应小于 0.90m，疏散走道、疏散楼梯和首层疏散外门的净宽度不应小于 1.10m。建筑高度不大于 18m 的住宅中一边设置栏杆的疏散楼梯，其净宽度不应小于 1.0m。

【条文说明】5.5.30 本条为强制性标准条文。本条说明参见本规范第 5.5.18 条的说明。住宅建筑相对于公共建筑，同一空间内或楼层的使用人数较少，一般情况下 1.1m 的最小净宽可以满足大多数住宅建筑的使用功能需要，但在设计疏散走道、安全出口和疏散楼梯以及户门时仍应进行核算。

5.5.31　建筑高度大于 100m 的住宅建筑应设置避难层，并应符合本规范第 5.5.23 条有关避难层的要求。

【条文说明】5.5.31 本条为强制性标准条文。有关说明参见本规范第 5.5.23 条。

5.5.32　建筑高度大于 54m 的住宅建筑，每户应有一间房间符合下列规定：

1. 应靠外墙设置，并应设置可开启外窗。

2. 内、外墙体的耐火极限不应低于 1.00h，该房间的门宜用乙级防火门，外窗宜采用耐火完整性不低于 1.00h 的防火窗。

【条文说明】5.5.32 对于大于 54m 但不大于 100m 的住宅建筑，尽管规范不强制要求设置避难层，但此类建筑较高，为增强此类建筑户内的安全性能，规范对户内的一个房间提出了防火要求，为户内人员因特殊情况无法通过楼梯疏散而需要待在房间等待救援提供一定的安全条件。

特别提示

本节内容主要为《住宅设计规范》GB 50096—2011 中内容摘取，其中提到的内容必须按照规范严格执行，本规范未覆盖到的，应参照《建筑设计防火规范》GB 50016—2014 相关内容执行。

模块小结

本模块对居住区规划设计中住宅建筑选型做了较详细的阐述，包括住宅建筑的类型及特点、平面选型、竖向选型、群体平面组合方式、卫生要求、防灾要求等方面的内容。

本模块的教学目标是通过对居住区内住宅建筑形式与特点的学习，熟悉如何应用其进行总体布局，掌握居住区规划设计中住宅建筑的相关内容。

综合实训

根据课程给定居住区规划设计内容，对设计要求的住宅建筑类型和户型进行住宅选型。

1. 别墅类型及平面。

2. 多层住宅类型及平面。

3. 小高层住宅类型及平面。

模块 5

居住区配套设施设计构思

教学目标

通过对居住区内配套设施设置要求和规划建设控制要求的学习，熟悉如何应用其进行居住区的总体布局，掌握居住区规划设计中配套设施相关内容。

教学要求

能力目标	知识要点	权 重	自测分数
配套设施的分类	分类	20%	
配套设施设置要求及配置标准	设置要求及配置标准	40%	
配套设施规划建设控制要求	控制要求	40%	

模块导读

居住区内需要不同功能的配套设施作为居民生活配套，配套设施既是民生问题，也是发展问题，配套设施是否完善，直接关系到居民的生活品质。在居住区规划布局有了初步思路的同时，教师应引导学生根据规划结构，有针对性的进行配套设施的排布与定位。贯彻落实党的二十大报告提出的坚持在发展中保障和改善民生，增进民生福祉，提高人民生活品质的要求。

配套设施

【引例】图 5.1 为某居住区设计平面效果图，从图中可以看到在居住区东南角布置了居住区配套幼儿园。

图 5.1 某居住区设计平面效果图

5.1 居住区配套设施的分类

居住区配套设施对应居住区分级配套规划建设，是与居住人口规模或住宅建筑面积规模相匹配的生活服务设施，主要包括基层公共管理与公共服务设施、商业服务业设施、市政公用设施、交通场站及社区服务设施、便民服务设施及其他设施，如图 5.2 所示。其中社区服务设施是指 5 分钟生活圈居住区内，对应居住人口规模配套建设的生活服务设施，主要包括托幼、社区服务及文体活动、卫生服务、养老助残、商业服务等设施。便民服务设施是指居住街坊内住宅建筑配套建设的基本生活服务设施，主要包括物业管理、便利店、活动场地、生活垃圾收集点、停车场（库）等设施。

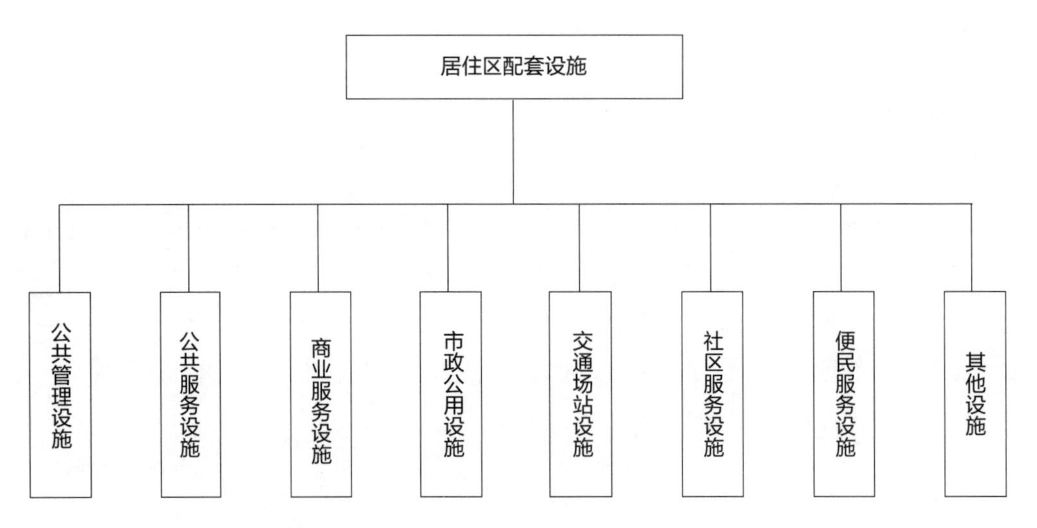

图 5.2　居住区配套设施分类

5.2 居住区配套设施规划建设布局基本原则

住宅配套设施

居住区配套设施是为居住区居民提供生活服务的各类必需设施，应以保障民生，方便实用，有利于实现社会基本公共服务均等为目标，统筹布局，集约节约建设。居住区各项配套设施还应坚持开放共享的原则，如中小学的体育活动场地宜错时开放，作为居民的体育活动场地，提高公共空间的使用效率。配套设施布局应综合统筹规划用地的周围条件、自身规模、用地特征等因素，并应遵循集中和分散布局兼顾、独立和混合使用并重的原则，集约节约使用土地，提高设施使用的便捷性。

（1）15 分钟和 10 分钟生活圈居住区配套设施，应依照其服务半径相对居中布局。

（2）在居住区土地使用性质相容的情况下，鼓励配套设施联合建设。

目前居住区配套设施规划管控通常根据千人指标的配套要求，采用图标形式在控制性详细规划中标注管理，在实际建设中由开发建设项目进行配套建设。由于缺乏详细的规范引导和建设控制要求，很多城市的社区工作用房和居民公益性服务设施分散、位置偏僻，导致使用不便，配套设施长期不能配齐的情况也普遍存在。因此《城市居住区规划设计标准》GB 50180—2018 明确规定，有条件的城市新区应鼓励基层公共服务设施（尤其是公益性设施）集中或相对集中配置，打造城市基层“小、微中心”，为老百姓提供便捷的“一站式”公共服务，方便居民使用。15 分钟和 10 分钟生活圈居住区配套设施中，同级别的公共管理与公共服务设施、商业服务业设施、公共绿地宜集中布局，可通过规划将由政府负责建设或保障建设的公益服务设施相对集中，如文体设施、医疗卫生设施、养老设施等集中布局，来引导市场化配置的配套设施集中布局，形成居民综合服务中心。

15 分钟生活圈居住区配套设施中，文化活动中心、社区服务中心（街道级）、街道办事处等服务设施宜联合建设，并形成街道综合服务中心，其用地面积不宜小于 1hm²。

5 分钟生活圈居住区配套设施规模较小，更应鼓励社区公益性服务设施和经营性服务设施组合布局、联合建设，鼓励社区服务设施中社区服务站、文化活动站（含青少年、老年活动站）、老年人日间照料中心（托老所）、社区卫生服务站、社区商业网点等设施联合建设，形成社区综合服务中心，其用地面积不宜小于 0.3hm²。独立占地的街道综合服务中心用地和社区综合服务中心用地应包括同级别的体育活动场地。

（3）城市旧区改建项目应综合考虑周边居住区各级配套设施建设实际情况，合理确定改建项目人口容量与建筑容量。旧区改建项目的人口规模变化较大时，应综合考虑居住人口规模变化对居住区配套设施需求的影响，增补必要的配套设施。补建的配套设施应尽可能满足各类设施的服务半径要求，其设施规模应与周边服务人口相匹配，可通过分散多点的布局方式满足千人指标的配建要求。

5.3 居住区配套设施的设置要求

为促进公共服务均等化，配套设施配置应对应居住区分级控制规模，以居住人口规模和设施服务范围（服务半径）为基础分级提供配套服务，这种方式既有利于满足居民对不同层次公共服务设施的日常使用需求，体现设施配置的均衡性和公平性，也有助于发挥设施使用的规模效益，体现设施规模化配置的经济合理性。配套设施应步行可达，为居住区居民的日常生活提供方便。结合居民对各类设施的使用频率要求和设施运营的合理规模，配套设施分为四级，包括 15 分钟、10 分钟、5 分钟 3 个生活圈居住区层级的配套设施和居住街坊层级的配套设施，具体见表 5.1～表 5.3。

（1）按照现行国家标准《城市用地分类与规划建设用地标准》GB 50137—2011 的有关规定，居住区配套设施用地性质不尽相同。15 分钟、10 分钟两级生活圈居住区配套设施用地属于城市级设施，主要包括公共管理与公共服务设施用地（A 类）、商业服务业设施用地（B 类）、市政公用设施用地（U 类）和交通场站设施用地（S 类用地）；5 分钟生活圈居住区的配套设施，即社区服务设施属于居住用地中的服务设施用地（R12、R22、R32）；居住街坊的便民服务设施属于住宅用地可兼容的配套设施（R11、R21、R31）。

（2）各层级居住区配套设施的设置为非包含关系。上层级配套设施不能覆盖下层级居住区配建的配套设施，即当居住区规划建设人口规模达到某级生活圈居住区规模时，其配套设施除需配置本层级的配套设施外，还需要对应配置本层级以下各层级的配套设施。例如，当居住区规划建设规模达到 5 分钟生活圈居住区分级控制规模时，除需配置 5 分钟生活圈居住区的配套设施外，还需要依据各个居住街坊对应的人口规模配置居住街坊层级的配套设施。

表5.1　15分钟生活圈居住区、10分钟生活圈居住区配套设施设置规定

类别	序号	项目	15分钟生活圈居住区	10分钟生活圈居住区	备注
公共管理与公共服务设施	1	初中	▲	△	应独立占地
	2	小学	—	▲	应独立占地
	3	体育馆（场）或全民健身中心	△	—	可联合建设
	4	大型多功能运动场地	▲	—	宜独立占地
	5	中型多功能运动场地	—	▲	宜独立占地
	6	卫生服务中心（社区医院）	▲	—	宜独立占地
	7	门诊部	▲	—	可联合建设
	8	养老院	▲	—	宜独立占地
	9	老年养护院	▲	—	宜独立占地
	10	文化活动中心（含青少年、老年活动中心）	▲	—	可联合建设
	11	社区服务中心（街道级）	▲	—	可联合建设
	12	街道办事处	▲	—	可联合建设
	13	司法所	▲	—	可联合建设
	14	派出所	△	—	宜独立占地
	15	其他	△	△	可联合建设
商业服务业设施	16	商场	▲	▲	可联合建设
	17	菜市场或生鲜超市	—	▲	可联合建设
	18	健身房	△	△	可联合建设
	19	餐饮设施	▲	▲	可联合建设
	20	银行营业网点	▲	▲	可联合建设
	21	电信营业网点	▲	▲	可联合建设
	22	邮政营业场所	▲	—	可联合建设
	23	其他	△	△	可联合建设
市政公用设施	24	开闭所	▲	△	可联合建设
	25	燃料供应站	△	△	宜独立占地
	26	燃气调压站	△	△	宜独立占地
	27	供热站或热交换站	△	△	宜独立占地
	28	通信机房	△	△	可联合建设
	29	有线电视基站	△	△	可联合建设
	30	垃圾转运站	△	△	应独立占地
	31	消防站	△	△	宜独立占地
	32	市政燃气服务网点和应急抢修站	△	△	可联合建设
	33	其他	△	△	可联合建设

续表

类别	序号	项目	15 分钟生活圈居住区	10 分钟生活圈居住区	备注
交通场站设施	34	轨道交通站点	△	△	可联合建设
	35	公交首末站	△	△	可联合建设
	36	公交车站	▲	▲	宜独立设置
	37	非机动车停车场（库）	△	△	可联合建设
	38	机动车停车场（库）	△	△	可联合建设
	39	其他	△	△	可联合建设

注：1. ▲为应配建的项目；△为根据实际情况按需配建的项目。
2. 在国家确定的一、二类人防重点城市，应按人防有关规定配建防空地下室。

居住区设施服务半径

表 5.2　5 分钟生活圈居住区配套设施设置规定

类别	序号	项目	5 分钟生活圈居住区	备注
社区服务设施	1	社区服务站（含居委会、治安联防站、残疾人康复室）	▲	可联合建设
	2	社区食堂	△	可联合建设
	3	文化活动站（含青少年、老年活动站）	▲	可联合建设
	4	小型多功能运动（球类）场地	▲	宜独立占地
	5	室外综合健身场地（含老年户外活动场地）	▲	宜独立占地
	6	幼儿园	▲	宜独立占地
	7	托儿所	△	可联合建设
	8	老年人日间照料中心（托老所）	▲	可联合建设
	9	社区卫生服务站	△	可联合建设
	10	社区商业网点（超市、药店、洗衣店、美发店等）	▲	可联合建设
	11	再生资源回收点	▲	可联合设置
	12	生活垃圾收集站	▲	宜独立设置
	13	公共厕所	▲	可联合建设
	14	公交车站	△	宜独立设置
	15	非机动车停车场（库）	△	可联合建设
	16	机动车停车场（库）	△	可联合建设
	17	其他	△	可联合建设

注：1. ▲为应配建的项目；△为根据实际情况按需配建的项目。
2. 在国家确定的一、二类人防重点城市，应按人防有关规定配建防空地下室。

表5.3 居住街坊配套设施设置规定

类别	序号	项目	居住街坊	备注
便民服务设施	1	物业管理与服务	▲	可联合建设
	2	儿童、老年人活动场地	▲	宜独立占地
	3	室外健身器械	▲	可联合设置
	4	便利店（菜店、日杂等）	▲	可联合建设
	5	邮件和快递送达设施	▲	可联合设置
	6	生活垃圾收集点	▲	宜独立设置
	7	居民非机动车停车场（库）	▲	可联合建设
	8	居民机动车停车场（库）	▲	可联合建设
	9	其他	△	可联合建设

注：1. ▲为应配建的项目；△为根据实际情况按需配建的项目。
2. 在国家确定的一、二类人防重点城市，应按人防有关规定配建防空地下室。

（3）居住区配套设施分为“应配建设施”和“宜配建设施”两类。其中标识黑色三角▲的设施为“应配建设施”，属于居住区必须配置的底线设施。标识白色三角△的设施为“宜配建设施”，因设施需求差异性较大不宜作为底线设施；或因设施服务半径较大，在各层级生活圈居住区中列为按需设置，可根据各城市实际情况按需配建。为适应居民生活需求的多样性，在各类设施中都预留了“其他”设施，属于“宜配建设施”，各城市可结合实际情况添加特色或新生的设施类型，以满足发展需求。

（4）为提高城市土地使用效率及居民使用设施的便捷程度，鼓励土地功能混合使用，主要分为“应独立占地”“宜独立占地”“可联合设置”“可联合建设”四类土地使用功能。“应独立占地”表示不应与其他设施混合使用建设用地；“宜独立占地”表示应尽可能保障该类设施的独立用地，该类设施主要包括体育活动场地、卫生服务中心（社区医院）、养老服务设施、派出所等用地；“可联合设置”及“可联合建设”表示该设施可以考虑与其他设施混合设置或联合建设。可将功能相近、服务人群相近的配套设施统筹布局或联合建设，如老年人日间照料中心可与社区卫生服务站集中布局，以方便老年人使用；有些体育活动场可结合公共绿地布局，以提高土地使用率。

（5）15分钟生活圈居住区对应的居住人口规模为50000～100000人，应配套满足日常生活需要的一套完整的服务设施，其服务半径不宜大于1000m，必须配建的设施主要包括中学、大型多功能运动场地、文化活动中心（含青少年、老年活动中心）、卫生服务中心（社区医院）、养老院、老年养护院、街道办事处、社区服务中心（街道级）、司法所、商场、餐饮设施、银行营业网点、电信营业网点、邮政营业网点等，以及开闭所、公交车站等基础设施；宜配建的配套设施主要包括体育馆（场）或全民健身中心，该项目与大型多功能运动场地内容类似，可作为大型多功能运动场地的替代设施，但体育馆（场）或全民健身中心中的体育活动场地应满足大型多功能运动场地的设置要求。派出所因各城市建设规模不一、变化较大，可结合各城市实际情况进行建设。市政公用设施、交通场站设施可结合相关专业规划或标准进行配置。

（6）10 分钟生活圈居住区对应的居住人口规模为 15000～25000 人，其配建设施是对 15 分钟生活圈居住区配套设施的必要补充，服务半径不宜大于 500m，必须配建的设施主要包括小学、中型多功能运动场地、菜市场或生鲜超市、小型商业金融、餐饮、公交车站等设施。健身房作为 15 分钟、10 分钟生活圈居住区宜配置项目，可通过市场调节补充居民对体育活动场地的差异性需求。

（7）5 分钟生活圈居住区对应居住人口规模为 5000～12000 人，其配套设施的服务半径不宜大于 300m，必须配建的设施主要包括社区服务站（含居委会、治安联防站、残疾人康复室）、文化活动站（含青少年、老年活动站）、小型多功能运动（球类）场地、室外综合健身场地（含老年户外活动场地）、幼儿园、老年人日间照料中心（托老所）、社区商业网点（超市、药店、洗衣店、美发店等）、再生资源回收点、生活垃圾收集站、公共厕所等。5 分钟生活圈居住区的配套设施一般与城市社区居委会管理相应。随着我国社区建设的不断发展，文体活动、卫生服务、养老服务都已经作为基层社区服务的重要内容，因此将 5 分钟生活圈居住区的设施称为社区服务设施。室外综合健身场地（含老年户外活动场地）宜独立占地，但可结合 5 分钟生活圈居住区公园进行建设，并应满足居住区公园体育活动场地占地比例要求。随着城市居民生活水平的提高，一些城市已经出现了一些新的社区服务设施或项目，如服务小学生的养育托管、服务老年人或双职工家庭的社区食堂等设施，GB 50180—2018 将社区食堂纳入配套设施的按需配建项目，养育托管服务建议纳入社区文化活动站统筹组织安排，各城市可结合居民需求、城市服务能力，确定配建方式。

（8）居住街坊，一般为 2～4hm^2，对应的居住人口规模为 1000～3000 人，应配置便民的日常服务配套设施，通常为本街坊居民服务；必须配建的设施包括物业管理与服务，儿童、老年人活动场地，室外健身器械，便利店（菜店、日杂等），邮件和快递送达设施，生活垃圾收集点，居民机动车停车场（库）与居民非机动车停车场（库）等。居住街坊的配套设施一般设置在住宅建筑底层或地下，属于住宅用地可兼容的服务设施，其用地不需单独计算。

5.4 居住区配套设施分级配置标准

居住区配套设施的配建水平应以每千位居民所需的建筑和用地面积（简称千人指标）作为控制指标。由于它是一个包含了多种影响因素的综合性指标，因此具有总体控制作用。表 5.4 是对居住区配套设施建设进行总体控制的指标。

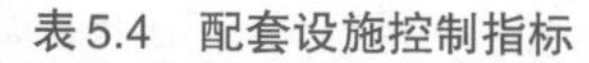

表5.4　配套设施控制指标　　单位：m²/千人

类别		15分钟生活圈居住区		10分钟生活圈居住区		5分钟生活圈居住区		居住街坊	
		用地面积	建筑面积	用地面积	建筑面积	用地面积	建筑面积	用地面积	建筑面积
总指标		1600～2910	1450～1830	1980～2660	1050～1270	1710～2210	1070～1820	50～150	80～90
其中	公共管理与公共服务设施（A类）	1250～2360	1130～1380	1890～2340	730～810	—	—	—	—
	交通场站设施（S类）	—	—	70～80	—	—	—	—	—
	商业服务业设施（B类）	350～550	320～450	20～240	320～460	—	—	—	—
	社区服务设施（R12、R22、R32）	—	—	—	—	1710～2210	1070～1820	—	—
	便民服务设施（R11、R21、R31）	—	—	—	—	—	—	50～150	80～90

注：1. 15分钟生活圈居住区指标不含10分钟生活圈居住区指标，10分钟生活圈居住区指标不含5分钟生活圈居住区指标，5分钟生活圈居住区指标不含居住街坊指标。

2. 配套设施用地应含与居住区分级对应的居民室外活动场所用地，未含高中用地、市政公用设施用地，市政公用设施应根据专业规划确定。

千人指标，即每千居民拥有各项公共服务设施的建筑面积和用地面积。千人指标是以每千户居民为单位，根据公共建筑的不同性质而采用不同的建筑面积和用地面积计算方法。例如，幼托、中小学、饭店、食堂等以每千人多少座位来计算，而门诊所按每千人每日就诊人次为定额单位，商业则按每千人售货员岗位为计算单位计算，然后折合成每千人建筑面积和用地面积。一些与居住生活密切相关的基层公共服务设施，因受其本身的最小规模和合理的服务半径的制约，有时需反过来从公共服务设施自身的最小容量、规模及合理的服务半径来确定服务的人数或户数。

千人指标

（1）各层级居住区配套设施千人指标是不包含关系，如在控制性详细规划中，规划15分钟生活圈居住区级配套设施，用地面积和建筑面积指标可直接使用表格中的相关指标，但计算15分钟生活圈居住区内所有设施用地或建筑面积，应叠加15分钟、10分钟、5分钟生活圈居住区的配套设施用地面积和建筑面积；规划10分钟生活圈居住区级配套设施，用地面积和建筑面积可直接使用表格中的相关指标，但计算10分钟生活圈居住区内所有配套设施用地面积和建筑面积，应叠加10分钟、5分钟生活圈居住区配套设施的所有用地面积。

（2）居住人口规模处于居住街坊、5 分钟生活圈、10 分钟生活圈、15 分钟生活圈之间的居住区，在规划配套设施时，如出现居住人口规模与服务人口规模不匹配时，应根据规划用地四周的设施条件，对配套设施项目进行总体统筹。以人口规模处于 5 分钟生活圈居住区、10 分钟生活圈居住区之间为例，配套设施应优先保障 5 分钟生活圈居住区的配套设施配置完整，同时对居住区所在周边地区 10 分钟生活圈居住区配套设施配置的情况进行校核，然后按需补充必要的 10 分钟生活圈居住区配套设施。当规划用地周围已有相关配套设施可满足本居住区使用要求时，新建配套设施项目及其建设规模可酌情减少；当周围相关配套设施不足或规划用地内的配建设施需兼顾为附近居民服务时，该配建设施及其建设规模应随之增加，以满足实际需求。

（3）由于城市情况千差万别，各城市可以根据自身的生活习惯、生活服务需求水平、气候及地形等因素，制定本地居住区配套设施标准，其配套设施内容和控制指标可根据居住区周围现有的设施情况，在配建水平上相应增减，但不应低于 GB 50180—2018 对 15 分钟生活圈居住区内配套设施千人指标的总体控制要求。

（4）用地指标中包括与居住区各级配套设施对应的多功能运动场地、室外综合健身场地（含老年户外活动场地），未含市政公用设施用地。便民服务设施指标不含居民机动车停车场（库）、居民非机动车停车场（库）指标。

（5）居住区配套设施是基本生活服务设施，商业服务业设施在不同城市发展状况差异较大，各城市可根据自身特点和实际需求提高控制指标。

（6）国家一、二类人防重点城市应根据人防规定，结合民用建筑修建防空地下室，应贯彻平战结合原则（平时能民用，战时能防空），如作居民存车或作第三产业用房等，应将其使用部分面积分别纳入配套公建面积或相关面积之中，以提高投资效益。

（7）为强化配套设施的有序建设，提高设施服务水平，建议居住区的分级控制规模划分及其配套设施的规划建设应尽可能与城市现行的行政管理辖区及基层社会治理平台进行对接，如可将 15 分钟生活圈居住区、5 分钟生活圈居住区分别对接街道和社区居委会进行管理，有条件的城市可进行行政管辖范围与配套设施服务范围的标准化对接，使其尽量耦合。

5.5 居住区配套设施规划建设控制要求

1. 15 分钟、10 分钟生活圈居住区配套设施规划控制要求

15 分钟、10 分钟生活圈居住区配套设施规划控制要求见表 5.5。

公共设施分类

表5.5　15分钟、10分钟生活圈居住区配套设施规划控制要求

类别	设施名称	单项规模		服务内容	设置要求
		建筑面积 / m^2	用地面积 / m^2		
公共管理与公共服务设施	初中 *	—	—	满足 12～18 周岁青少年入学要求	（1）选址应避开城市干道交叉口等交通繁忙路段； （2）服务半径不宜大于 1000m； （3）学校规模应根据适龄青少年人口确定，且不宜超过 36 班； （4）鼓励教学区和运动场地相对独立设置，并向社会错时开放运动场地
	小学 *	—	—	满足 6～12 周岁儿童入学要求	（1）选址应避开城市干道交叉口等交通繁忙路段； （2）服务半径不宜大于 500m，学生上下学穿越城市道路时，应有相应的安全措施； （3）学校规模应根据适龄儿童人口确定，且不宜超过 36 班； （4）应设不低于 200m 环形跑道和 60m 直跑道的运动场，并配置符合标准的球类场地； （5）鼓励教学区和运动场地相对独立设置，并向社会错时开放运动场地
	体育场（馆）或全民健身中心	2000～5000	1200～15000	具备多种健身设施、专用于开展体育健身活动的综合体育场（馆）或健身馆	（1）服务半径不宜大于 1000m； （2）体育场应设置 60～100m 直跑道和环形跑道； （3）全民健身中心应具备大空间球类活动、乒乓球、体能训练和体质检测等用房
	大型多功能运动场地	—	3150～5620	多功能运动场地或同等规模的球类场地	（1）宜结合公共绿地等公共活动空间统筹布局； （2）服务半径不宜大于 1000m； （3）宜集中设置篮球、排球、7 人足球场地
	中型多功能运动场地	—	1310～2460	多功能运动场地或同等规模的球类场地	（1）宜结合公共绿地等公共活动空间统筹布局； （2）服务半径不宜大于 500m； （3）宜集中设置篮球、排球、5 人足球场地
	卫生服务中心 *（社区医院）	1700～2000	1420～2860	预防、医疗、保健、康复、健康教育、计生等	（1）一般结合街道办事处所辖区域进行设置，且不宜与菜市场、学校、幼儿园、公共娱乐场所、消除站、垃圾转运站等设施毗邻； （2）服务半径不宜大于 1000m； （3）建筑面积不得低于 $1700m^2$
	门诊部	—	—	—	（1）宜设置于辖区内位置适中、交通方便的地段； （2）服务半径不宜大于 1000m
	养老院 *	7000～17500	3500～22000	对自理、介助和介护老年人给予生活起居、餐饮服务、医疗保健、文化娱乐等综合服务	（1）宜邻近社区卫生服务中心、幼儿园、小学及公共服务中心； （2）一般规模宜为 200～500 床

续表

类别	设施名称	单项规模		服务内容	设置要求
		建筑面积 / m²	用地面积 / m²		
公共管理与公共服务设施	老年养护院 *	3500～17500	1750～22000	对介助和介护老年人给予生活护理、餐饮服务、医疗保健、康复娱乐、心理疏导、临终关怀等服务	（1）宜邻近社区卫生服务中心、幼儿园、小学及公共服务中心； （2）一般中型规模为 100～500 床
	文化活动中心 *（含青少年活动中心、老年活动中心）	3000～6000	3000～12000	开展图书阅览、科普知识宣传与教育，影视厅、舞厅、游艺厅、球类、棋类，科技与艺术等活动；宜包括儿童之家服务功能	（1）宜结合或靠近绿地设置； （2）服务半径不宜大于 1000m
	社区服务中心（街道级）	700～1500	600～1200	—	（1）一般结合街道办事处所辖区域设置； （2）服务半径不宜大于 1000m； （3）建筑面积不应低于 700m²
	街道办事处	1000～2000	800～1500	—	（1）一般结合所辖区域设置； （2）服务半径不宜大于 1000m
	司法所	80～240	—	法律事务援助、人民调解、服务保释、监外执行人员的社区矫正等	（1）一般结合街道所辖区域设置； （2）宜与街道办事处或其他行政管理单位结合建设，应设置单独出入口
	派出所	1000～1600	1000～2000	—	（1）宜设置于辖区内位置适中、交通方便地段； （2）2.5 万～5 万人宜设置一处； （3）服务半径不宜大于 800m
商业服务业设施	商场	1500～3000	—	—	（1）应集中布局在居住区相对居中的位置； （2）服务半径不宜大于 500m
	菜市场或生鲜超市	750～1500 或 2000～2500	—	—	（1）服务半径不宜大于 500m； （2）应设置机动车、非机动车停车场
	健身房	600～2000	—	—	服务半径不宜大于 1000m
	银行营业网点	—	—	—	宜与商业服务业设施结合或邻近设置
	电信营业网点	—	—	—	根据专业规划设置
	邮政营业场所	—	—	包括邮政局、邮政支局等邮政设施及其他快递营业设施	（1）宜与商业服务业设施结合或邻近设置； （2）服务半径不宜大于 1000m

续表

类别	设施名称	单项规模		服务内容	设置要求
		建筑面积 / m^2	用地面积 / m^2		
市政公用设施	开闭所 *	200～300	500	—	（1）0.6 万～1.0 万套住宅设置 1 所；（2）用地面积不应小于 500m^2
	燃料供应站 *	—	—	—	根据专业规划设置
	燃气调压站 *	50	100～200	—	按每个中低压调压站负荷半径 500m 设置；无管道燃气地区不设置
	供热站或热交换站 *	—	—	—	根据专业规划设置
	通信机房 *	—	—	—	根据专业规划设置
	有线电视基站 *	—	—	—	根据专业规划设置
	垃圾转运站 *	—	—	—	根据专业规划设置
	消除站 *	—	—	—	根据专业规划设置
	市政燃气服务网点和应急抢修站 *	—	—	—	根据专业规划设置
交通场站设施	轨道交通站点 *	—	—	—	服务半径不宜大于 800m
	公交首末站 *	—	—	—	根据专业规划设置
	公交车站	—	—	—	服务半径不宜大于 500m
	非机动车停车场（库）	—	—	—	（1）宜就近设置在非机动车（含共享单车）与公共交通换乘接驳地区；（2）宜设置在轨道交通站点周边非机动车车程 15 分钟范围内的居住街坊出入口处，停车面积不应小于 30m^2
	机动车停车场（库）	—	—	—	根据所在地城市规划有关规定配置

注：1. 加 * 的配套设施，其建筑面积与用地面积规模应满足国家相关规划及标准规范的有关规定。
2. 小学和初中可合并设置九年一贯制学校，初中和高中可合并设置完全中学。
3. 承担应急避难功能的配套设施，应满足国家有关应急避难场所的规定。

1）教育设施

初中、小学的建筑面积规模与用地规模应符合国家现行有关标准的规定。中小学设施宜选址于安全、方便、环境适宜的地段，同时宜与绿地、文化活动中心等设施相邻。GB 50180—2018 提出选址应避开城市干道交叉口等交通繁忙路段，学校选址应考虑车流、人流交通的合理组织，减少学校与周边城市交通的相互干扰。承担城市应急避难场所的学校应坚持节约资源、合理利用、平灾结合的基本原则，并符合相关国家标准的有关规定。学校体育场地是城市体育设施的重要组成部分，合理利用学校体育设施是节约与合理利用土地资源的有效措施，应鼓励学校体育设施向周边居民错时开放。

根据教育部相关研究预测，二孩政策后人口出生率将从目前的12‰提高到16‰。据此测算，15分钟生活圈居住区居住人口规模下限宜配置2所24班初中，居住人口规模上限宜配置1所24班初中和2所36班初中。10分钟生活圈居住人口规模下限宜配置1所36班小学，居住人口规模上限宜配置1所24班小学和1所30班小学。

根据《城市用地分类与规划建设用地标准》，教育机构幼儿园，其用地不属于公共管理与公共服务设施用地，而属于社区服务设施章节。

2）文化与体育设施

根据《公共文化体育设施条例》的规定，公共文化体育设施的数量、种类、规模及布局应当根据国民经济和社会发展水平、人口结构、环境条件及文化体育事业发展的需要，统筹兼顾，优化配置。随着居民生活水平的提升，大众健康和文化意识不断加强，居住区文化体育设施使用人群不断扩大，已经接近全体居民，因此居住区文化体育设施应布局于方便安全、人口集中、便于群众参与活动、对生活休息干扰小的地段。文化体育设施需要一定的服务人口规模才能维持其运行，因此相对集中的设置既有利于多开展一些项目，又有利于设施的经营管理和土地的集约使用。居住区文化体育设施应合理组织人流、车流，宜结合公园绿地等公共活动空间统筹布局，应避免或减少对医院、学校、幼儿园和住宅等的影响。承担城市应急避难场所的文体设施，其建设标准应符合国家相关标准的规定。

各类球类场地宜适当结合居住区公园等公共活动空间统筹布局。文化与体育设施中的文化活动中心是服务全体居民的文化设施，应满足老年人休闲娱乐、学习交流、康体健身（室内）等功能要求。“老年活动中心”职能纳入文化活动中心。

3）医疗卫生设施

居住区卫生服务设施以社区卫生服务中心为主体，《城市社区卫生服务机构管理办法（试行）》（卫妇社〔2006〕239号）第九条规定：“在人口较多、服务半径较大、社区卫生服务中心难以覆盖的社区，可适当设置社区卫生服务站或增设社区卫生服务中心”。社区卫生服务中心应布局在交通方便、环境安静地段，宜与养老院、老年养护院等设施相邻，不宜与菜市场、学校、幼儿园、公共娱乐场所、消防站、垃圾转运站等设施毗邻；其建筑面积与用地面积规模应符合国家现行有关标准的规定。

4）社会福利设施

社会福利设施项目的设置标准是依据现行国家标准《城镇老年人设施规划规范》GB 50437—2007、建标143—2010《社区老年人日间照料中心建设标准》等相关标准、规范和政策文件确定的。根据《国务院关于加快发展养老服务业的若干意见》（〔2013〕35号文）提出的“生活照料、医疗护理、精神慰藉、紧急救援等养老服务覆盖所有居家老年人”的要求，居住区需配置的社会福利设施涉及养老院、老年养护院，同时应将老年人日间照料中心（托老所）纳入社区服务设施进行配套。

养老院、老年养护院的选址应满足地形平坦、阳光充足、通风和绿化环境良好，便于利用周边的生活、医疗等公共服务设施的要求。老年人更需要医疗设施，养老院、老年养护院宜邻近社区卫生服务中心设置，并方便亲属探望；同时为缓解老年人的孤独感，可邻近幼儿园、小学及公共服务中心等设施布局。

养老院、老年养护院的建筑面积与用地面积规模应符合国家现行有关标准的相关规定。

5）行政办公设施

居住区管理与服务类设施应考虑与我国民政基层管理层级对应，即对应街道、社区两级。其中15分钟生活圈居住区配建的社区服务中心（街道级）属于城市公共管理与公共服务设施，5分钟生活圈居住区配建的社区服务站属于社区服务设施。《城乡社区服务体系建设规划（2016—2020年）》要求应按照每百户30m^{2}标准配建城乡社区综合服务设施；原则上每个城乡社区应建有1个社区服务站；每个街道（乡镇）至少建有1个社区服务中心。目前没有出台街道级服务中心建设标准，从城市调研的实践案例汇总看，约半数城市选择在街道、居委会两个层面都设置服务中心（站），符合国家的配建要求。可以按照街道和居委会两个层级设置服务中心（站）。社区服务中心（街道级）应满足国家对基层管理服务的基本要求，尤其要提供老年人服务功能，应为老年人提供家政服务、旅游服务、金融服务、代理服务、法律咨询等。随着社会的不断发展，街道和社区的服务职能不断扩大，在规划配置街道办事处和社区服务中心（街道级）时应留有一定的发展空间。

司法所是司法行政机关最基层的组织机构，是城市司法局在街道的派出机构，负责具体组织实施和直接面向广大人民群众开展基层司法行政各项业务工作，包括法律事务援助、人民调解、服务保释、监外执行人员的社区矫正等事宜。根据《司法业务用房建设标准》的规定，街道应设置1处司法所，并应满足该建设标准的相关建设要求。

派出所是公安机关的基层组织，在选址上，既要考虑民警快速出警等工作的需要，也要满足便民、利民、为民的需要。根据建标100—2007《公安派出所建设标准》的相关配置要求，按照一个街道配置2个派出所，每千人1个警员的基本要求，提出千人指标取值为32～40m^2，建筑面积宜为1000～1600m^2，用地面积适当考虑训练场地需求，宜为1000～2000m^2。

6）商业服务业设施

菜市场既是广大居民日常生活必需的基本保障性商业类设施，又具有市场化经营的特点。考虑到市场经营的规模化需求，菜市场应布局在10分钟生活圈居住区服务范围内，应在方便运输车辆进出相对独立的地段，并应设置机动车、非机动车停车场；宜结合居住区各级综合服务中心布局，并符合环境卫生的相关要求。菜市场建筑面积宜为750～1500m^2，生鲜超市建筑面积宜为2000～2500m^2。

其他基层商业类设施，包括综合超市、理发店、洗衣店、药店、金融网点、电信网点和家政服务点等，可设置于住宅底层。银行、电信、邮政营业场所宜与商业中心、各级综合服务中心结合或邻近设置。

7）公用设施与公共交通场站设施

未提出千人指标的各类设施配建标准建议依据相关规划标准或专项规划确定。

交通场站设施中，非机动车停车场和机动车停车场配置指标除考虑按照各城市机动车发展水平确定之外，在15分钟和10分钟生活圈居住区，宜结合公共交通换乘接驳地区设置集中非机动车停车场；还应考虑共享单车的停车布局问题，宜在距离轨道交通站点非机动车车程15分钟内的居住街坊入口处设置不小于30m^{2}非机动车停车场。

2. 5分钟生活圈居住配套设施规划建设要求

5分钟生活圈居住配套设施规划建设应符合表5.6的规定。

表5.6　5分钟生活圈居住配套设施规划建设要求

设施名称	单项规模		服务内容	设置要求
	建筑面积/m^2	用地面积/m^2		
社区服务站	600～1000	500～800	含社区服务大厅、警务室、社区居委会办公室、居民活动用房，活动室、阅览室、残疾人康复室	（1）服务半径不宜大于300m； （2）建筑面积不得低于600m^2
社区食堂	—	—	为社区居民尤其是老年人提供助餐服务	宜结合社区服务站、文化活动站等设置
文化活动站	250～1200	—	书报阅览、书画、文娱、健身、音乐欣赏、茶座等，可供青少年和老年人活动的场所	（1）宜结合或靠近公共绿地设置； （2）服务半径不宜大于500m
小型多功能运动（球类）场地	—	770～1310	小型多功能运动场地或同等规模的球类场地	（1）服务半径不宜大于300m； （2）用地面积不宜小于800m^2； （3）宜配置半场篮球场1个、门球场地1个、乒乓球场地2个； （4）门球活动场地应提供休憩服务和安全防护措施
室外综合健身场地（含老年户外活动场地）	—	150～750	健身场所（含广场舞场地）	（1）服务半径不宜大于300m； （2）用地面积不宜小于150m^2； （3）老年人户外活动场地应设置休憩设施，附近宜设置公共厕所； （4）广场舞等活动场地的设置应避免噪声扰民

续表

设施名称	单项规模		服务内容	设置要求
	建筑面积 / m^2	用地面积 / m^2		
幼儿园 *	3150～4550	5240～7580	保教 3～6 周岁的学龄前儿童	（1）应设于阳光充足、接近公共绿地、便于家长接送的地段；其生活用房应满足冬至日底层满窗日照不少于 3 小时的日照标准；宜设置于可遮挡冬季寒风的建筑物背风面。 （2）服务半径不宜大于 300m。 （3）幼儿园规模应根据适龄儿童人口确定，办园规模不宜超过 12 班，每班座位数宜为 20～35 座；建筑层数不宜超过 3 层。 （4）活动场地应有不少于 1/2 的活动面积在标准的建筑日照阴影线之外
托儿所	—	—	服务 0～3 周岁的婴幼儿	（1）应设于阳光充足、便于家长接送的地段；其生活用房应满足冬至日底层满窗日照不少于 3 小时的日照标准；宜设置于可遮挡冬季寒风的建筑物背风面。 （2）服务半径不宜大于 300m。 （3）托儿所规模宜根据适龄儿童人口确定。 （4）活动场地应有不少于 1/2 的活动面积在标准的建筑日照阴影线之外
老年人日间照料中心 *（托老所）	350～750	—	老年人日托服务，包括餐饮、文娱、健身、医疗保健等	服务半径不宜大于 300m
社区卫生服务站 *	120～270	—	预防、医疗、计生等服务	（1）在人口较多、服务半径较大、社区卫生服务中心难以覆盖的社区，宜设置社区卫生站加以补充； （2）服务半径不宜大于 300m； （3）建筑面积不得低于 120m^2； （4）社区卫生服务站应安排在建筑首层并应有专用出入口
小超市	—	—	居民日常生活用品销售	服务半径不宜大于 300m
再生资源回收点 *	—	6～10	居民可再生物资回收	（1）1000～3000 人设置 1 处； （2）用地面积不宜小于 6m^2，其选址应满足卫生、防疫及居住环境等要求
生活垃圾收集站 *	—	120～200	居民生活垃圾收集	（1）居住人口规模大于 5000 人的居住区及规模较大的商业综合体可单独设置收集站； （2）采用人力收集的，服务半径宜为 400m，最大不宜超过 1km；采用小型机动车收集的，服务半径不宜超过 2km
公共厕所 *	30～80	60～120	—	（1）宜设置于人流集中处； （2）宜结合配套设施及室外综合健身场地（含老年户外活动场地）设置

续表

设施名称	单项规模		服务内容	设置要求
	建筑面积 / m²	用地面积 / m²		
非机动车停车场（库）	—	—	—	（1）宜就近设置在自行车（含共享单车）与公共交通换乘接驳地区； （2）宜设置在轨道交通站点周边非机动车车程 15 分钟范围内的居住街坊出入口处，停车面积不应小于 30m²
机动车停车场（库）	—	—	—	根据所在地城市规划有关规定配置

注：1. 加 * 的配套设施，其建筑面积与用地面积规模应满足国家相关规划和建设标准的有关规定。
2. 承担应急避难功能的配套设施，应满足国家有关应急避难场所的规定。

1）社区管理与服务设施

根据建标 167—2014《城市社区服务站建设标准》，城市社区服务站含服务厅、警务室、社区办公室、居民活动用房（活动室、阅览室）等。本标准结合居住区分级控制规模适度微调并提出建设指标，社区服务站应承担老年人服务中心功能，应为老年人提供家政服务、旅游服务、金融服务、代理服务、法律咨询等。

2）文体活动设施

社区文体活动设施包括文化活动站、小型多功能活动场地和室外综合健身场地（含老年户外活动场地），是社区服务设施的重要内容，而儿童、老年人和残疾人是社区文体设施的重要使用者，该群体对文体设施的利用频率高，而自身的活动能力有一定的限制，其需求和使用特征应着重考虑。文化活动站应满足周边居民室内文化活动需求，尤其应满足老年人休闲娱乐、学习交流、康体健身（室内）等功能要求，同时宜增加儿童之家的相应活动服务功能。社区体育设施配置了小型多功能活动场地，其中包括给老年人活动的门球场地，宜结合中心绿地布局，并应提供休憩服务和安全防护措施。老年室外活动以锻炼身体、交流休憩为主，应充分考虑老年人活动特点，做好动静分区，同时应在老年人活动场地附近设置公共卫生间。室外综合健身场地主要为老年人健身活动场地，可服务于广场舞的活动，但应注意避免活动产生的噪声扰民。

3）教育设施

新建幼儿园宜独立占地，不应与不利于幼儿身心健康及危及幼儿安全的场所毗邻；并应设于阳光充足、接近集中绿地、便于家长接送的地段。幼儿园的建筑面积规模和用地规模应符合建标 175—2016《幼儿园建设标准》的控制要求。

5 分钟生活圈居住区居住人口规模下限宜配置 1 所 12 班幼儿园，每班 20 人；居住人口规模上限宜配置 1 所 6 班幼儿园和 1 所 12 班幼儿园，每班 35 人。

托儿所设施主要服务于 3 周岁之前的婴幼儿，其单项设施建筑规模和用地面积建议结合托儿所设置的具体规模、婴幼儿的年龄情况综合确定。

4）社区医疗卫生设施

在人口较多、服务半径较大、社区卫生服务中心难以覆盖的社区，需要设置社区卫生站加以补充。社区卫生服务站可与药店、托老所综合设置，并安排在建筑首层，有独立出入口。

3. 居住街坊配套设施规划建设控制要求

居住街坊配套设施规划建设应符合表 5.7 的规定。

表 5.7　居住街坊配套设施规划建设控制要求

设施名称	单项规模		服务内容	设置要求
	建筑面积 /m²	用地面积 /m²		
物业管理与服务	—	—	物业管理服务	宜按照不低于物业总建筑面积的 2‰配置物业管理用房
儿童、老年人活动场地	—	170～450	儿童活动及老年人休憩设施	（1）宜结合集中绿地设置，并宜设置休憩设施；（2）用地面积不应小于 170m²
室外健身器械	—	—	健身器械和其他简单运动设施	（1）宜结合绿地设置；（2）宜在居住街坊范围内设置
便利店	50～100	—	居民日常生活用品销售	1000～3000 人设置 1 处
邮件和快件送达设施	—	—	智能快件箱、智能信包箱等可接收邮件和快件的设施或场所	应结合物业管理设施或在居住街坊内设置
生活垃圾收集点 *	—	—	居民生活垃圾投放	（1）服务半径不应大于 70m，生活垃圾收集点应采用分类收集，宜采用密闭方式；（2）生活垃圾收集点可采用放置垃圾容器或建造垃圾容器间方式；（3）采用混合收集垃圾容器间时，建筑面积不宜小于 5m²；（4）采用分类收集垃圾容器间时，建筑面积不宜小于 10m²
非机动车停车场（库）	—	—	—	宜设置于居住街坊出入口附近；并按照每套住宅配建 1～2 辆配置；停车场面积按照 0.8～1.2m²/ 辆配置；停车库面积按照 1.5～1.8m²/ 辆配置；电动自行车较多的城市，新建居住街坊宜集中设置电动自行车停车场，并宜配置充电控制设施
机动车停车场（库）	—	—	—	根据所在地城市规划有关规定配置，服务半径不宜大于 150m

注：加 * 的配套设施，其建筑面积与用地面积规模应满足国家相关规划标准有关规定。

物业管理用房是针对居住开发建设项目而配置的，按照国家的相关要求，建议按照不低于物业总建筑面积的 2‰配置物业管理用房，具体比例由各省市人民政府根据本地区实际情况确定。

居住街坊的文体活动设施主要考虑为活动范围较小的儿童和老年人使用，设置儿童活动场地、老年人室外活动场地。居住街坊设置的老年人室外活动场地可设置老年人的健身器械、散步道及亭廊桌椅等休憩设施。从老年人的生理和心理特点出发，居住街坊的老年人活动场宜结合街坊附属绿地设置，以提高公共空间的使用效率。

老年人室外活动场地冬日要有温暖日光，夏日应考虑遮阳。同时由于南北方气候差异，在设计老年人室外活动场地时，应考虑地域气候的影响。南方地区日照比较强烈，日照时间长，应侧重考虑设置遮阳场所；而北方冬季较长，应侧重考虑设置冬季避风场所。

为方便居民接收快递送达服务，GB 50180—2018 居住街坊增设了邮件和快件送达设施，可在居住区街坊人流出入便捷地段设置智能快件箱、智能信包箱及其他可以接收邮件和快件的设施或场所，但该场所的设置不应影响居民对公共活动空间的正常使用。

居住街坊范围内的市政设施规划配置应符合相关标准或专业规划的要求。

5.6 居住区配套设置居民机动车停车场（库）和非机动车停车场（库）

停车场（库）属于静态交通设施，其设置的合理性与道路网的规划具有同样重要意义。配套设施配建机动车数量较多时，应尽量减少地面停车，居住区人流较多的商场、街道综合服务中心机动车停车场（库）的设置宜采用地下停车、停车楼或机械式停车设施，节约集约利用土地。非机动车配建指标宜考虑共享单车的发展，在居住区人流较多地区、居住街坊入口处宜提高配建标准，并预留共享单车停放区域。

机动车停车场设置原则

5.6.1 居住区配套设施需配建停车场（库）

居住区相对集中设置且人流较多的配套设施应配建停车场（库），并应符合下列规定。

（1）停车场（库）的停车位控制指标不宜低于表 5.8 的规定。

（2）商场、街道综合服务中心机动车停车场（库）宜采用地下停车、停车楼或机械式停车设施。

（3）配建的机动车停车场（库）应具备公共充电设施安装条件。

表 5.8　配建停车场(库)的停车位控制指标　　单位：车位/(100m² 建筑面积)

名称	非机动车	机动车
商场	≥ 7.5	≥ 0.45
菜市场	≥ 7.5	≥ 0.30
街道综合服务中心	≥ 7.5	≥ 0.45
社区卫生服务中心（社区医院）	≥ 1.5	≥ 0.45

停车场（库）车位数的确定以小型汽车为标准当量表示，其他各类型车辆的停车位，应按表 5.9 相应的换算系数折算。

表 5.9　各类型车辆的停车位换算系数

车型	微型车	小型车	轻型车	中型车	大型车
换算系数	0.7	1.0	1.5	2.0	2.5

5.6.2　居住区内停车场（库）的设置规定

居住区内应配套设置居民机动车停车场（库）和非机动车停车场（库），并应符合下列规定。

（1）当前我国城市的机动化发展水平和居民机动车拥有量相差较大，居住区停车场（库）的设置应因地制宜，评估当地机动化发展水平和居民机动车拥有量，满足居民停车需求，避免因居住区停车位不足导致车辆停放占用市政道路。具体指标应结合其所处区位、用地条件和周边公共交通条件综合确定。例如，城市郊区用地条件往往较中心区宽松，可配建更多停车场（库）；城市中心区的轨道站点周围，可以结合城市规划相关要求，适度减少停车配置。

（2）地上停车位应优先考虑设置多层停车库或机械式停车设施，地面停车位数量不宜超过住宅总套数的 10%；使用多层停车库和机械式停车设施，可以有效节省机动车停车占地面积，充分利用空间。对地面停车率进行控制的目的是保护居住环境，在采用多层停车库或机械式停车设施时，地面停车位数量应以标准层或单层停车数量进行计算。

（3）机动车停车场（库）应设置无障碍机动车位，无障碍停车位应靠近建筑物出入口，方便轮椅使用者到达目的地。随着交通技术的迅速发展，新型交通工具不断出现，如残疾人专用车、老年人代步车等，停车场（库）的布置应为此留有发展余地。

（4）非机动车停车场（库）的布局应考虑使用方便，以靠近居住街坊出入口为宜。根据《国务院安委会办公室关于开展电动自行车消防安全综合治理工作的通知》（安委办〔2018〕13 号）提出的“鼓励新建住宅小区同步设置集中停放场所和具备定时充电、自动断电、故障报警等功能的智能充电控制设施”等要求，当城市使用电动自行车的居民较多时，鼓励新建居住区根据实际需要，在室外安全且不干扰居民生活的区域，集中设置电动自行车停车场（库）；有条件的宜配置充电控制设施，集中管理，因此对其服务半径做出要求。

（5）在居住街坊出入口外应安排访客临时车位，为访客、出租车和公共自行车等提供停放位置，维持居住区内部的安全及安宁。

（6）新建居住区配建机动车停车位应具备充电基础设施安装条件。

特别提示

本节内容较为具体，其中，对商业、中小学及托幼等公共设施在居住区内的多种布局进行了简要概括，在此需要指出的是，这只是较为浅显的分类，并不能涵盖所有公共设施在居住区中的布局类型。本节的主要学习方法还是要多结合居住区规划布局要求，多进行不同方式的多方案比较学习，同时多借鉴国内外较为成熟的居住区案例。

模块小结

本模块对居住区规划设计中配套设施的相关内容做了较详细的阐述，包括配套设施的分类、设置要求、配置标准、规划建设控制要求等方面内容。通过对居住区配套设施的学习，掌握如何应用其进行总体布局。

综合实训

根据课程给定居住区规划设计内容，对居住区内商业与教育设施进行选型与设计。

1. 商业设施——商场选型及设计（指标由上级规划给定）

（1）建筑风格。

（2）平面功能。

2. 教育设施——幼儿园选型及设计（指标由上级规划给定）

（1）建筑风格。

（2）平面功能。

模块 6

道路结构设计构思

教学目标

通过对居住区道路功能的理解，居住区道路规划建设基本原则的学习，掌握居住区道路交通的组织与路网布局、停车设施规划的方法。

教学要求

能力目标	知识要点	权重	自测分数
掌握居住区道路功能	道路交通、道路景观、街道生活	10%	
掌握居住区道路规划建设基本原则	安全便捷、尺度适宜、公交优先、步行友好	10%	
掌握交通组织与路网布局	人车混行的路网系统、人车分行的路网系统、路网系统的规划建设要求、路网的基本形式	30%	
掌握停车设施规划	机动车停车设施的规划布置、自行车停车设施的规划布置	30%	
道路规划建设要求	各级城市道路、居住街坊内附属道路、道路纵坡设计要求、道路边缘至建（构）筑物最小距离要求	20%	

模块导读

人类早期没有固定的住所，因此也没有固定的道路。《释名》中说：“道者，蹈也；路者，露也。”就是说当时的道路是由于人的行走而自然产生的。后来人类逐步形成聚居部落及至出现城市，产生固定的居住区，出现了居住区道路。道路犹如一个人的骨架，支撑起了居住区的空间形态，同时在道路底下或沿着道路，还埋藏着居住区的血管——各种各样的管线。道路的一端连着的是“家”，是家居归属的基本脉络。道路是居民进行日常生活活动的通道，有着最基本的交通功能。

自从有人类活动以来，居住与道路就是相伴发展的。有怎样的居住水平，就需要有怎样的道路与之相适应，如图 6.1、图 6.2 所示。

【引例】如果我们把城市道路比喻为人体的动脉，那么进入居住区的道路就犹如毛细血管。如图 6.3 所示，居住区的道路是居住空间的一部分。交通环境不仅关系到居民的日常出行行为，而且与居民的邻里交往、休息散步、游戏休闲等密切相关。那么，在居住区规划设计中如何结合社会、心理、环境等因素，分析居民的出行规模和交通方式，生活习惯和水平，做好道路的规划和设计呢？

道路

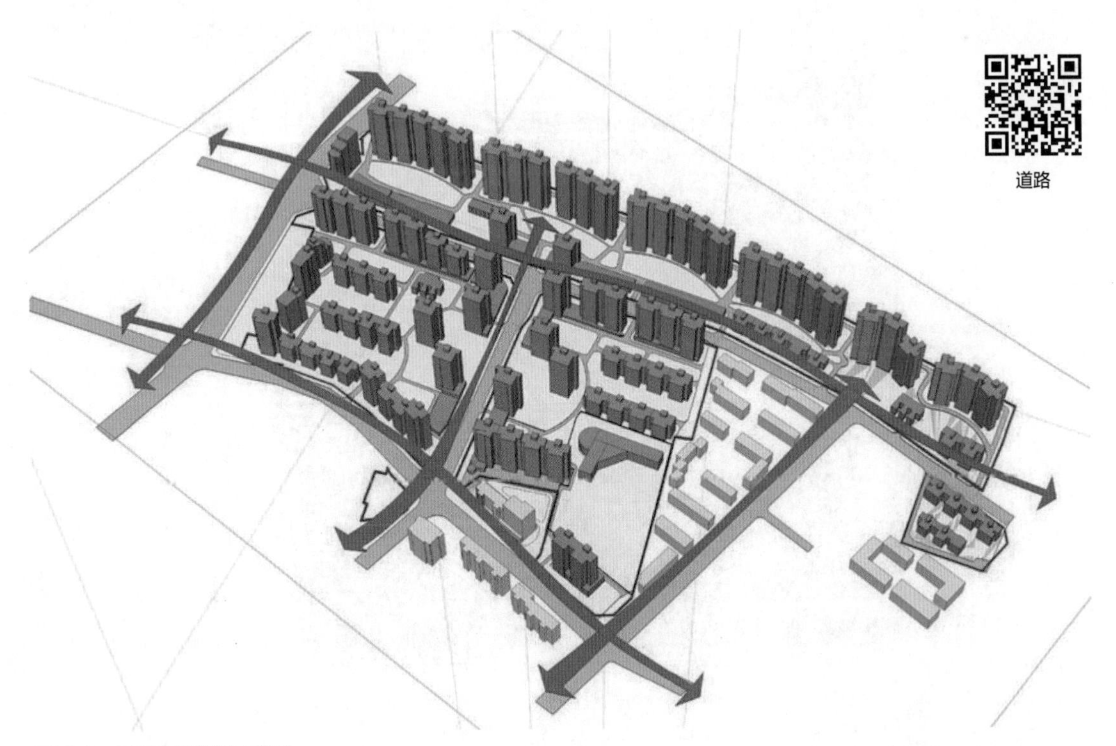

图 6.1 居住区道路系统图

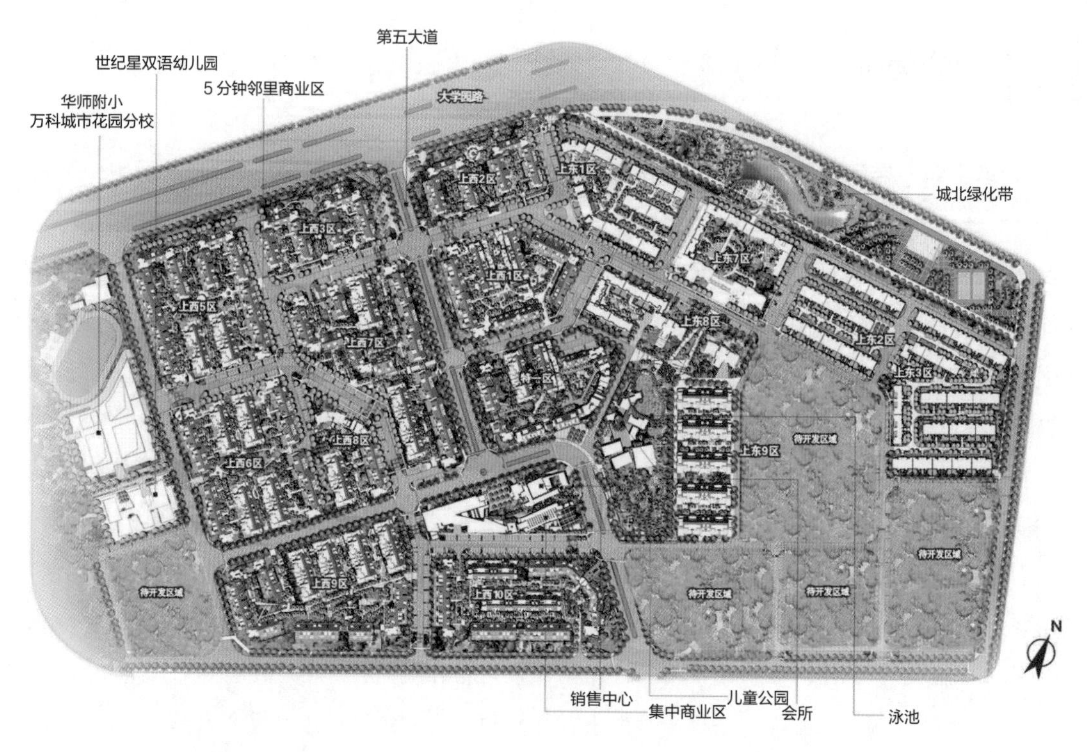

图 6.2　武汉城市花园道路系统图

图 6.3　某居住区车行流线

6.1 居住区道路功能

居住区道路是城市道路交通系统的组成部分，也是承载城市生活的主要公共空间。居住区道路具备多种功能，它既要承担道路交通的普遍功能，又应满足铺设各种管线的需要；同时道路的走向和线形是组织居住区内建筑群体景观的重要手段，也是居民进行邻里交往的重要空间场所。

1. 道路交通

居住区的交通与日常生活行为紧密相关，具有明显的生活性特征。按交通功能划分，道路交通可以分为以下几类交通类型。

（1）通勤性交通：上下班、上下学。

（2）生活性交通：因购物、娱乐、休闲、交往等日常生活需要而发生的交通。

（3）服务性交通：垃圾清运、居民搬家、货物运送、邮件投递。

（4）应急性交通：消防、救护。

2. 道路景观

居住区道路作为室外空间的重要组成部分，是居住区景观构成的重要因素。道路景观主要由道路的线形、路面的材质、道路两侧的绿化、道路交通设施、小品等构成。

3. 街道生活

居住区道路两侧的配套设施，是居民日常生活中的重要活动场所。通行、购物、进餐及休闲娱乐等活动经常是依托街道发生的。简·雅各布斯在《美国大城市的生与死》中写道："如果城市的街道看上去是有趣的，那么城市看上去也是有趣的；如果街道看上去是乏味的，那么城市看上去也是乏味的。"

特别提示

居住区中有机动车交通、非机动车交通、步行交通三种方式，每条道路承担的作用各不相同。道路功能的分析对后期确定道路的组织方式、断面形式、走向和线形起到重要作用。

6.2 居住区道路规划建设基本原则

《中共中央国务院关于进一步加强城市规划建设管理工作的若干意见》针对优化街区路网结构提出：新建住宅要推广街区制，原则上不再建设封闭住宅小区；已建成的住宅小区和单位大院要逐步打开，实现内部道路公共化，解决交通路网布局问题，促进土地节约利用；树立“窄马路、密路网”的城市道路布局理念，建设快速路、主次干路和支路级配合理的道路网系统；打通各类“断头路”，形成完整路网，提高道路通达性。

居住区的路网系统应与城市道路交通系统有机衔接，居住区道路的规划建设应体现以人为本，提倡绿色出行，综合考虑城市交通系统特征和交通设施发展水平，满足城市交通通行的需要，融入城市交通网络，采取尺度适宜的道路断面形式，优先保证步行和非机动车的出行安全、便利和舒适，形成宜人宜居、步行友好的城市街道。我们可以把居住区内道路规划设计的基本原则概括为：安全便捷、尺度适宜、公交优先、步行友好。

特别提示

居住区道路是城市道路的重要组成部分，设计时要考虑居住区规模的大小、居民出行的交通方式、交通流量的大小及市政管线敷设等因素，在规划中尽量使道路有序衔接、有效运转，并最大限度地节约用地。

道路横断面指沿道路宽度方向，垂直于道路中心线所作的剖面，由车行道、人行道和绿化带等部分构成。居住区道路横断面需要保证车辆、行人通过及满足绿化布置的要求。

道路红线：道路用地的规划控制线。

分隔带：在道路上设置，避免干扰或景观要求。

N 块板：利用分隔带将车行道分为几块。

车行道宽度：单车道 4m，双车道 7m。

6.3 交通组织与路网布局

1. 交通组织

居住区道路系统规划的形式应根据地形、现状条件、周围交通情况及规划结构等因素综合考虑，而不应只追求形式和构图。居住区的道路系统根据不同的交通组织方式基本上分为三种形式：人车混行、人车完全分流、人车部分分流。

1）人车混行

人车混行是居住区内最常见的交通组织方式，指机动交通和人行交通共同使用一套路网系统，通过在居住区道路横断面两侧设有高差的人行道，使人与车共处于一个断面上，如图 6.4、图 6.5 所示。这种方式能有效地利用土地，但车辆对行人有一定的干扰，存在安全隐患。

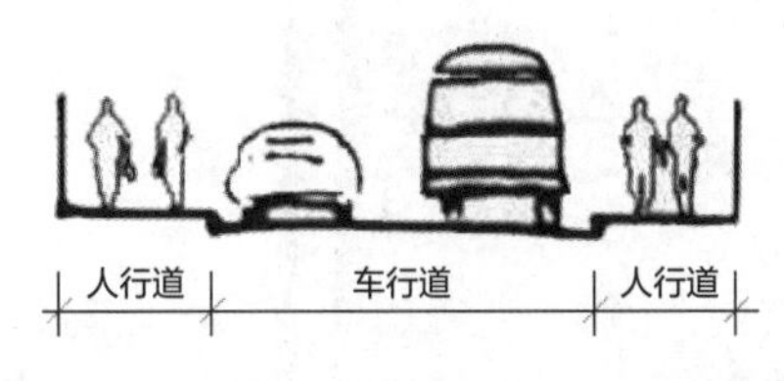

图 6.4　人车混行示意图

交通组织

2）人车完全分流

随着人民生活水平的提高，人们要求居住区不但要交通便捷，还要有一个舒适、安全的步行环境。人车分行的路网系统于 20 世纪 20 年代在美国首先提出，并在纽约郊区的雷德朋居住区实施，如图 6.6 所示。人车完全分流的路网系统是指人行交通与机动交通相互分离，形成各自独立存在的路网系统，其主要目的在于避免机动通勤性交通及服务性交通对生活性交通造成干扰和影响，是适应居住区内大量居民使用汽车后的一种道路组织方式，能较好地组织景观轴线，如图 6.7 所示。

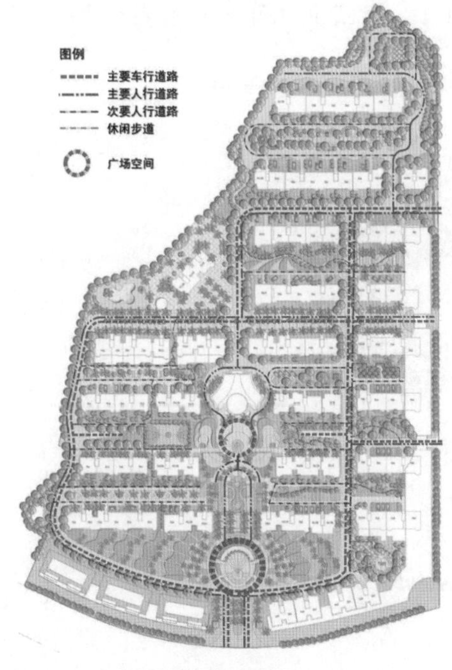

图 6.5　人车混行的路网系统

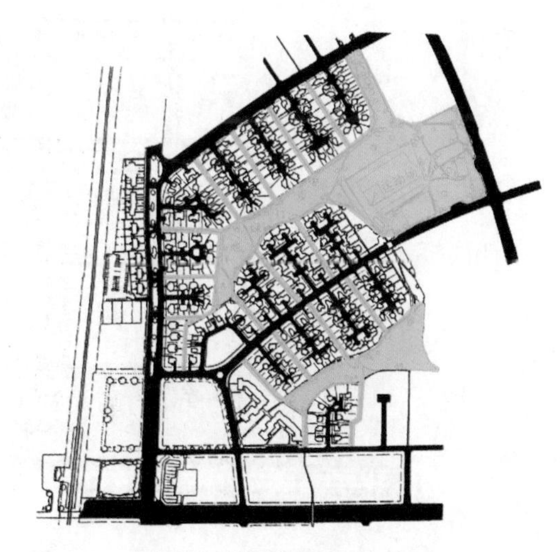

图 6.6　人车完全分流的路网系统

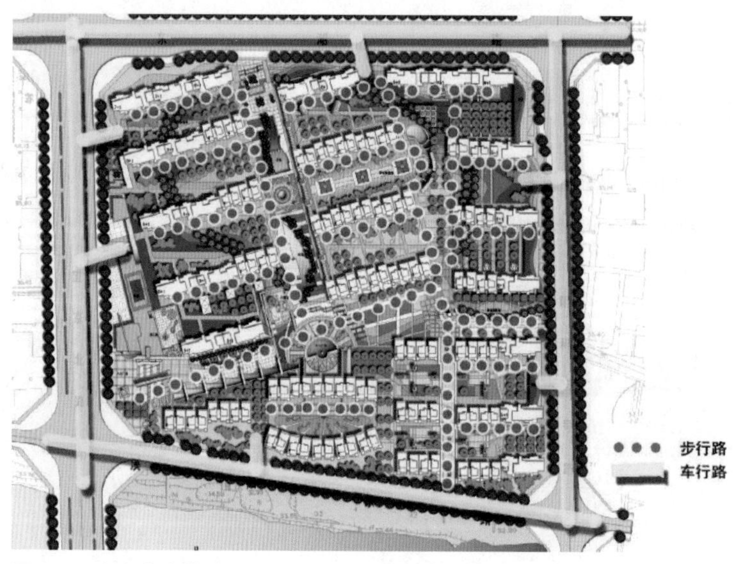

图 6.7　人车完全分流

3）人车部分分流

这种形式是在人车混行的道路系统的基础上，另外设置一套联系 15 分钟生活圈居住区、10 分钟生活圈居住区公共管理和公共服务设施中的中小学等的专用步行道，但步行道和车行道的交叉处不采取立交。采取此道路系统时除在平面上处理之外，还可以通过立体空间的处理达到部分分流的目的。一般通过将步行系统整体或局部高架处理，做一些步行平台式天桥，可以使人行和车行在立体空间上得到分离，达到比一般平面人车分行或混行更好的效果，如图 6.8 所示。

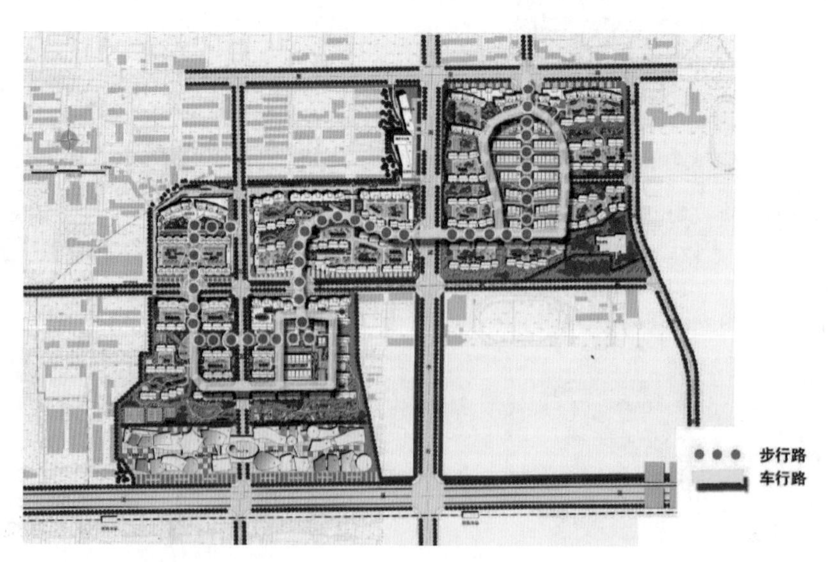

图 6.8　人车部分分流

2. 路网系统的规划建设要求

（1）居住区应采取“小街区、密路网”的交通组织方式，路网密度不应小于 8km/km^2；城市道路间距不应超过 300m，宜为 150～250m，并应与居住街坊的布局相结合。

（2）居住区内的步行系统应连续、安全、符合无障碍要求，应便捷连接公共交通站点，并连通城市街道、室外活动场所、停车场所、各类建筑出入口。道路铺装应充分考虑轮椅顺畅通行，选择坚实、牢固、防滑、防摔的材质。

（3）从地理和气候等因素考虑，除了山地及现行国家标准《建筑气候区划标准》GB 50178—1993 中规定的严寒地区以外的城市，均适宜发展非机动车交通，城市道路资源配置应优先保障步行、非机动车交通和公共交通的路权要求。除城市快速路主路、步行专用路等不具备设置非机动车道条件外，城市快速路辅路及其他各级城市道路均应设置连续的非机动车道，形成安全、连续的自行车网络。

（4）道路是形成城市历史肌理的要素，对于需重点保护的历史文化名城、历史文化街区及有历史价值的传统风貌地段，尽量保留原有道路的格局，包括道路宽度和线形、广场出入口、桥涵等，并结合规划要求，使传统的道路格局与现代化城市交通组织及设施［机动车交通、停车场（库）、立交桥、地铁出入口等］相协调。

3. 居住区道路网的基本形式

居住区道路网布置形式有环通式、风车式、尽端式、半环式、内环式，还有以上几种基本形式相结合的混合式等多种形式。在地形较平坦地区，一般路网比较规则；在地形较复杂的山地居住区，道路布置也一般比较自由。图 6.9 所示为居住区道路网络形式。

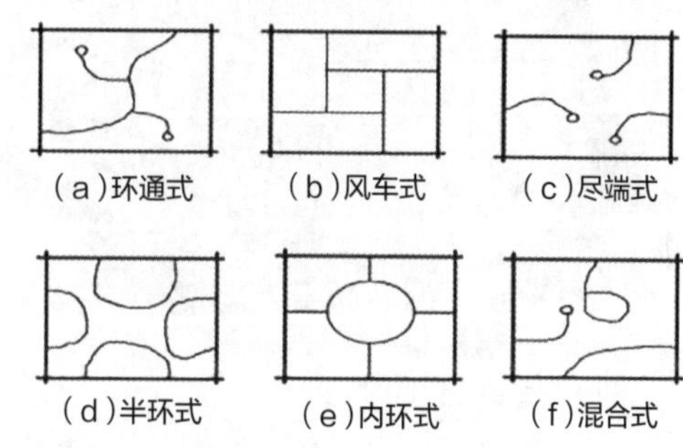

图 6.9 居住区道路网络形式

南京某居住区车行路为枝状尽端式（图 6.10），较为适合以机动车交通为主的交通形式，能较好地防止不必要的车流进入居住区。住宅群中部的步行路均集中到中央地区公共服务中心。

居住区道路布置原则

深圳莲花居住区（图 6.11）充分考虑我国自行车交通的特点，车行路呈环通式分布，使居住区具有很好的可达性，中央的自行车道贯穿于整个居住区，并与所有配套设施及公共集中绿地相联系。环状交通使中间的公共集中绿地形成良好的景观轴线。

曲阳新村东部有一条利用原有河道形成的绿化带（图 6.12），它与居住街坊配套设施和住宅有直接联系，绿化带中的步行交通仍集中在车行道上，居住区交通为人车混行系统，道路呈近似风车式的互通式布局。

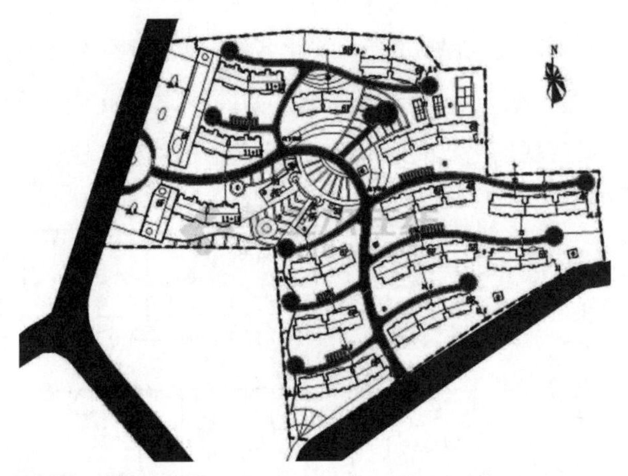

图 6.10　南京某居住区

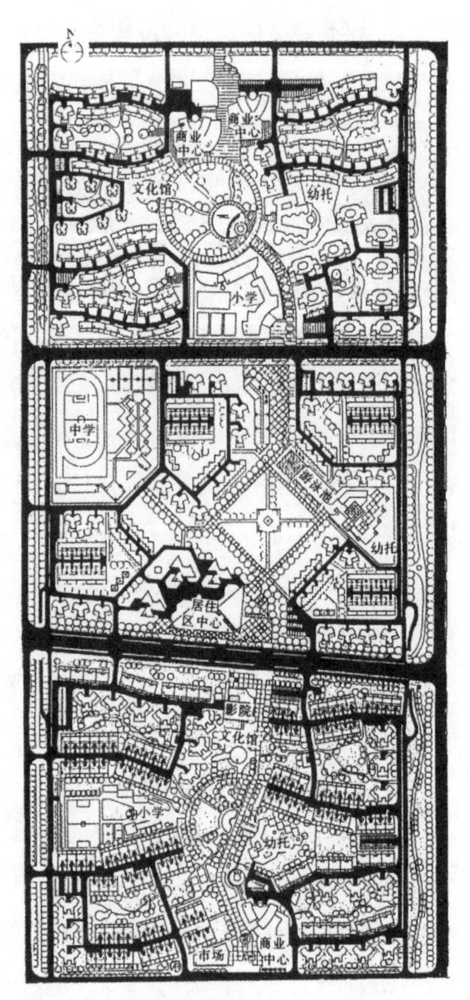

图 6.11　深圳莲花居住区

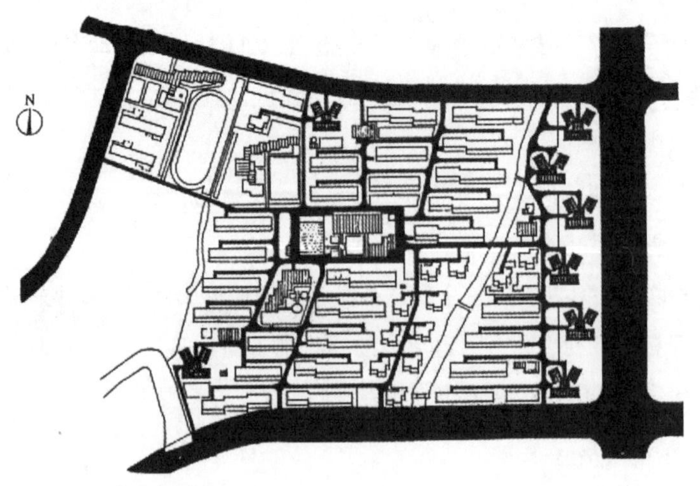

图 6.12　曲阳新村

特别提示

道路网络没有固定形式可以套用，要根据居住人口规模、规划布局形式、用地周围的交通条件、居民出行的方式与行为轨迹、本地区的地理气候条件等确定道路网络的形式，同时还要综合考虑居住区内建筑及设施的布置要求，以使路网分隔的各个地块能合理安排下不同功能要求的建设内容，以最大限度地满足城市交通通行的需要，同时满足抗震防灾、消防、救护、搬家、清运垃圾等机动车辆的通达。

6.4 停车设施规划

停车场（库）属于静态交通设施，其设置的合理性与道路网的规划具有同样重要的意义。当前我国城市的机动化发展水平和居民机动车拥有量相差较大，居住区停车场（库）的设置应因地制宜，评估当地机动化发展水平和居民机动车拥有量，满足居民停车需求，避免因居住区停车位不足导致车辆停放占用市政道路。具体指标应结合其所处区位、用地条件和周边公共交通条件综合确定。如城市郊区用地条件往往较中心区宽松，可配建更多停车场（库）；城市中心区的轨道站点周围，可以结合城市规划相关要求，适度减少停车配置，采用集中与分散相结合的布置方式，并根据居住区的不同情况采用室外、室内、半地下或地下等多种存车方式。停车场（库）的布置不能影响环境的美观，应尽可能减少空气污染、噪声干扰，而且应节约用地。

特别提示

为落实发改能源〔2015〕1454号《关于印发〈电动汽车充电基础设施发展指南（2015—2020年）〉的通知》要求，考虑我国各城市机动化发展阶段差异较大，电动汽车发展增速状况不同，建议结合地方实际需求情况，新建居住区内的住宅配建停车位优先考虑预留充电基础设施安装条件，按需建设充电基础设施。

1. 机动车停车设施的规划布置

1）停车方式

按车身纵向与通道的夹角关系，有平行式、垂直式和斜放式三种，停车方式如图6.13所示。

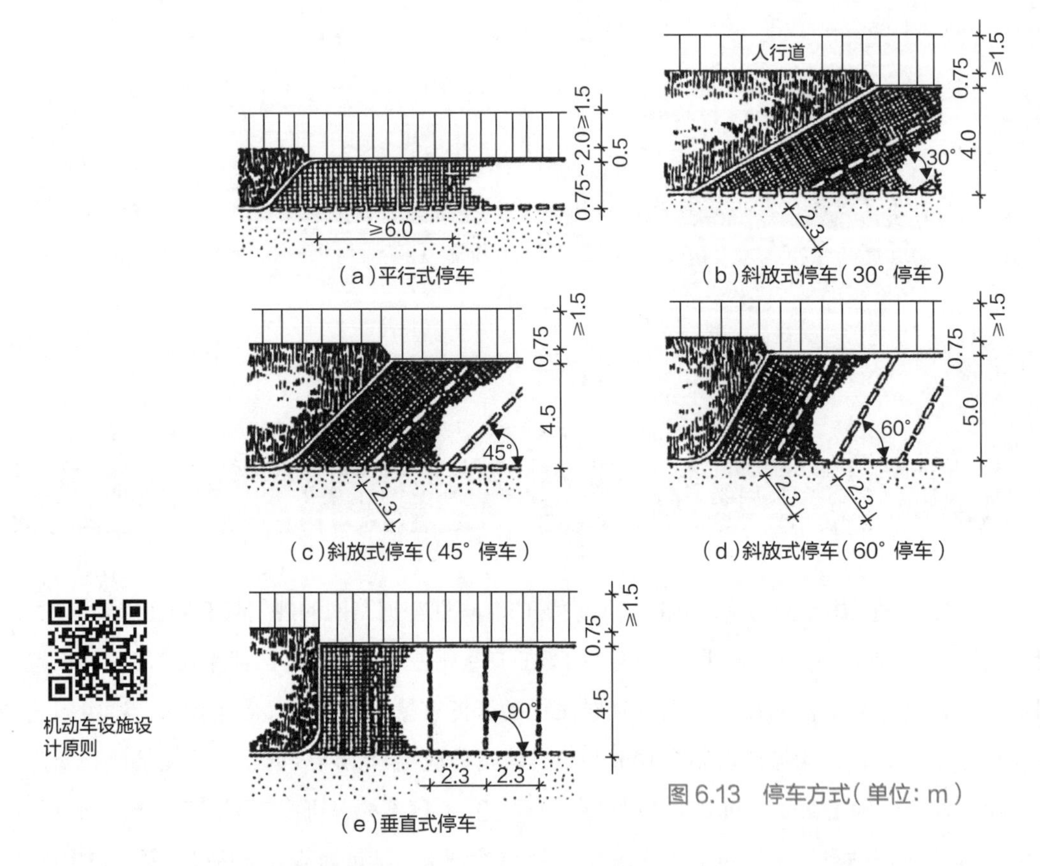

图 6.13　停车方式（单位：m）

2）机动车回车场的基本形式与尺寸

居住区内尽端式车道长度不应超过 120m，尽端应设 12.0m × 12.0m 回车场，供大型消防车使用时，不宜小于 18.0m × 18.0m。机动车回车场的基本形式与尺寸如图 6.14 所示。

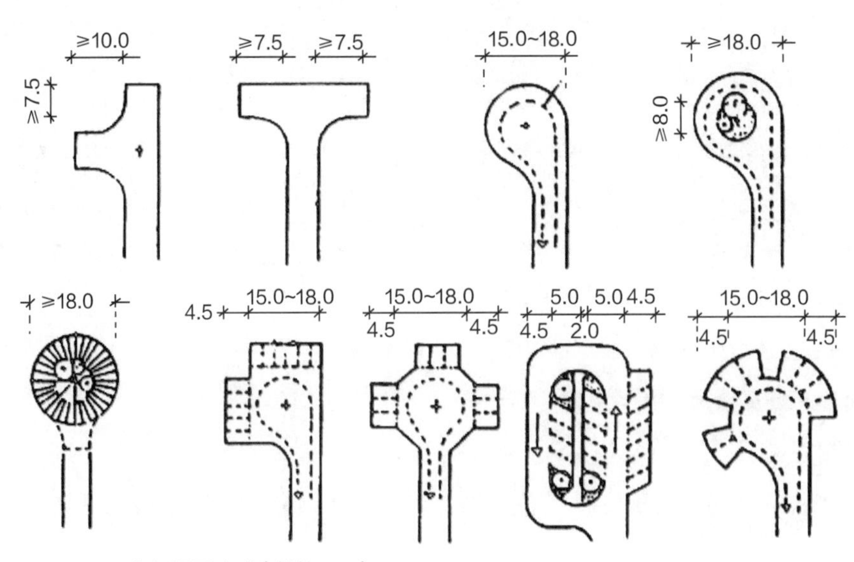

图 6.14　回车场设置方式（单位：m）

3）机动车停车设施的布置形式

（1）传统地面停车。

传统地面停车是一种直接、经济、实用的停车方式，但其占地面积大，对居住区环境会产生负面影响。随着私家车拥有量的迅猛增加，它所带来的不利影响日益突出。传统地面停车主要方式有路面停车、露天停车场停车等，停车位布置方式如图6.15所示。

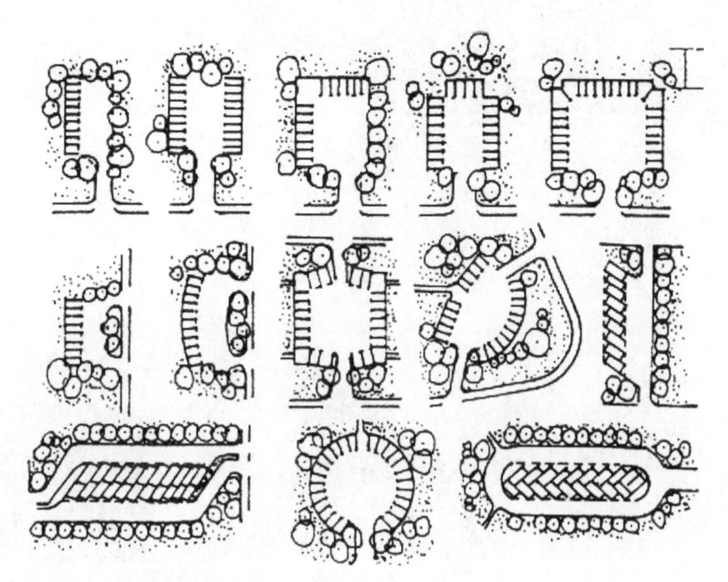

图6.15 传统地面停车位布置方式

（2）住宅底层停车。

住宅底层停车用于多层和高层住宅居住区，可有效利用空间，依附住宅建筑结构而节省部分造价，但同时也受到建筑结构的限制。

（3）地下停车。

地下停车是居住区重要的停车方式，能高效利用土地，便于对车辆进行管理，对居住区的环境影响最小，如图6.16、图6.17所示。地下停车可分为单建式车库和附建式车库（地下车库）。前者在地面上没有其他建筑物，通常布置在中心广场、集中绿地或居住区道路下；后者则是利用建筑物地下室建设。

（4）立体车库。

立体车库按运输方式可分为自走式和机械式车库。自走式车库是指存取车过程均由司机自行开入和开出的立体车库，一般采用坡道式出入车。机械式车库是用机械传动机构把车存到某一停车位或从某一停车位取出，占地少，对地形适应性强，可最大限度地利用空间，车辆存放安全性高、拆卸方便。

图 6.16　地下车库出入口

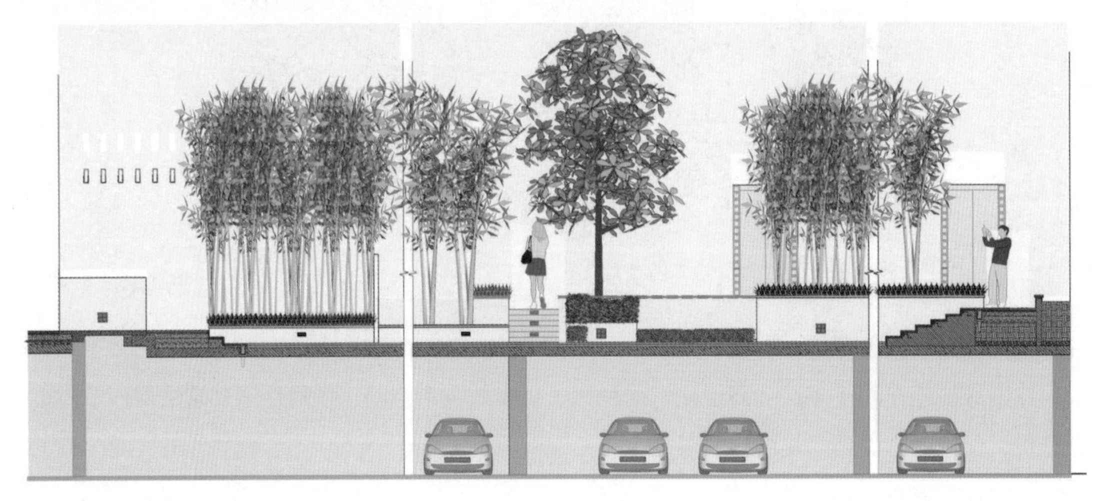

图 6.17　地下车库剖面图

4）停车位指标

（1）配建停车场（库）的停车位控制指标（表 6.1）。

表 6.1　配建停车场(库)的停车位控制指标　　单位：车位／(100m^2 建筑面积)

名称	非机动车	机动车
商场	≥ 7.5	≥ 0.45
菜市场	≥ 7.5	≥ 0.30
街道综合服务中心	≥ 7.5	≥ 0.45
社区卫生服务中心（社区医院）	≥ 1.5	≥ 0.45

（2）居住区停车位指标。

对于居住区中的非机动车停车场（库）和机动车停车场（库）配置，每个省市都有当地的城市规划相关规定和标准。15分钟生活圈居住区、10分钟生活圈居住区、5分钟生活圈居住区的非机动车停车场（库）宜就近设置在非机动车（含共享单车）与公共交通换乘接驳地区，以及轨道交通站点周边非机动车车程15分钟范围内的居住街坊出入口处。

5）机动车停车设施的布置实例

由图6.18可以看出，居住区中的停车设施要根据实际需要设置地上停车位和地下停车位。

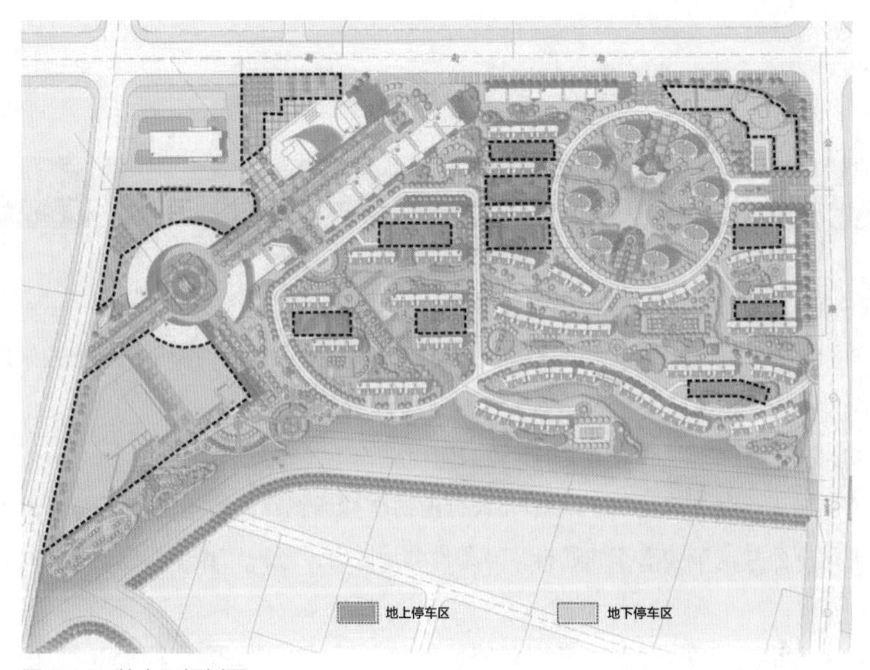

图6.18　停车区规划图

2. 自行车存车设施的规划布置

1）停车方式

自行车停车方式应以出入方便为原则，主要停车方式有垂直式和斜列式。自行车停车方式如图6.19所示，图6.19中 *db* 表示车辆间隔，*bd* 表示一侧停车通道宽，*Bd* 表示单排停车带宽，*bs* 表示两侧停车通道宽，*Bs* 表示双排停车带宽。

2）自行车停车面积（表6.2）

表6.2　自行车停车面积　　单位：m^2/辆

自行车停车位置	自行车停车面积
露天	0.8～1.2
停车库	1.5～1.8

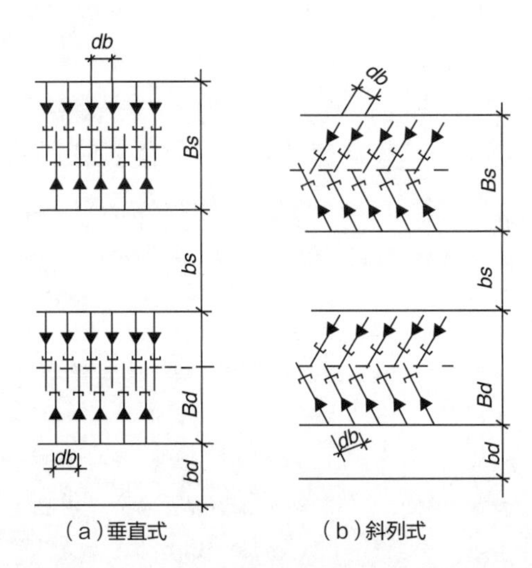

图 6.19　自行车停车方式

6.5 道路规划建设要求

1. 居住区内各级城市道路的规划建设要求

（1）两侧集中布局了配套设施的道路，应形成尺度宜人的生活性街道。两侧建筑退线距离应与街道尺度协调，形成尺度宜人的生活性街道。

（2）支路是居住区主要的道路类型，红线宽度宜为 14～20m。

（3）道路断面设计要考虑非机动车和人行道的便捷通畅，人行道宽度不应小于 2.5m，同时需要考虑城市公共电车和汽车的通行，有条件的地区可设置一定宽度的绿地种植行道树和草坪花卉。

（4）城市支路应采取交通稳静化措施降低机动车车速、减少机动车流量，以改善道路周边居民的生活环境，同时保障行人和非机动车交通使用者的安全。交通稳静化措施包括减速丘、路段瓶颈化、小交叉口转弯半径、路面铺装、视觉障碍等道路设计和管理措施。在行人与机动车混行路段，机动车车速不应超过 10km/h；机动车与非机动车混行路段，车速不应超过 25km/h。

2. 居住街坊内附属道路的设置要求

（1）根据其路面宽度和通行车辆类型的不同，居住街坊内的主要附属道路应至少设置两个车行出入口连接城市道路，两个出入口可以是两个方向，也可以在同一个方向与外部连接。其路面宽度不应小于 4.0m；其他附属道路的路面宽度不宜小于 2.5m。

（2）人行出口间距不宜超过 200m。

3. 道路纵坡设计要求

最小纵坡不应小于 0.3%，机动车最大纵坡不应大于 8%，如表 6.3 所示。

表6.3 附属道路最大纵坡控制指标　　单位：%

道路类别及其控制内容	一般地区	积雪或冰冻地区
机动车道	8.0	6.0
非机动车道	3.0	2.0
步行道	8.0	4.0

注：机动车与非机动车混行的道路，其纵坡宜按照或分段按照非机动车道要求进行设计。

4. 道路边缘至建筑物、构筑物最小距离要求

道路边缘至建筑物、构筑物之间应保持一定距离，主要是考虑在建筑底层开窗开门和行人出入时不影响道路的通行及行人的安全，以防楼上掉下物品伤人，同时应有利于设置地下管线、地面绿化及减少对底层住户的视线干扰等因素而提出的。对于面向城市道路开设了出入口的住宅建筑应保持相对较宽的间距，从而使居民进出建筑物时可以有个缓冲地段，并可在门口临时停放车辆以保障道路的正常交通，如表6.4所示。

表6.4 居住区道路边缘至建筑物、构筑物最小距离　　单位：m

与建筑物、构筑物关系		城市道路	附属道路
建筑物面向道路	无出入口	3.0	2.0
	有出入口	5.0	2.5
建筑物山墙面向道路		2.0	1.5
围墙面向道路		1.5	1.5

特别提示

机动车的停车方式与交通组织是停车设施的核心问题，重点应解决停车场地内的停车与行车通道的关系，及其与外部道路交通的关系，使车辆进出顺畅、线路短捷，避免车辆流线的交叉干扰。

具体可以查阅《城市停车规划规范》GB/T 51149—2016和地方标准［如浙江省工程建设地方标准《城市建筑工程停车场（库）设置规则和配建标准》DB33/1021—2013］。

非机动车停车场（库）的布局应考虑使用方便，以靠近居住街坊出入口为宜。根据《国务院安委会办公室关于开展电动自行车消防安全综合治理工作的通知》（安委办〔2018〕13号）提出的“鼓励新建住宅居住区同步设置集中停放场所和具备定时充电、自动断电、故障报警等功能的智能充电控制设施”等要求，当城市使用电动自行车的居民较多时，鼓励新建居住区根据实际需要，在室外安全且不干扰居民生活的区域，集中设置电动自行车停车场（库）；有条件的居住区宜配置充电控制设施，集中管理。

6.6 案例分析

规划地块四周为城市道路，为减少汽车对居住区内居民的影响，采用人车分流的内环式交通组织方式，停车场主要设在地下。

规划主要车行路宽 8.0m。居住街坊内附属道路结合消防需要，规划宽度为 4.0～6.0m。车行、人行及消防系统为了能清楚地表达其分布，现以三张图形式表达，如图 6.20～图 6.22 所示。

图 6.20　车行系统分析图

图 6.21　人行系统分析图

路网布局规划原则

图 6.22　消防系统分析图

特别提示

居住区内的道路应优先考虑道路交通的使用功能，在保证路面路基强度及稳定性等安全性要求的前提下，路面设计宜满足透水功能要求，尽可能采用透水铺装，增加场地透水面积。透水铺装可根据城市地理环境与气候条件选择适宜的做法，如人行道及车流量和荷载较小的道路、宅间小路可采用透水沥青混凝土铺装，停车场可采用嵌草砖。

模块小结

本模块通过居住区道路功能、道路规划建设基本原则、交通组织方式与路网布局、停车设施规划的讲解，让学生能够进行居住区道路系统的规划——分析道路功能结构，确定路网形式；拟定各级道路的宽度、断面形式、布置方式，对外出入口位置，停车量和停车方式。

综合实训

居住区道路设计及停车场（库）规划如下。

1. 目的和要求

在居住区规划图上进行道路系统的优化和完善，以及停车设施配套规划，并对居住区的用地、结构、住宅建筑、绿地等规划内容进行更为合理的调整。

2. 图纸要求

在图纸上标明车行系统、步行系统、地上地下停车配套设施（机动车和非机动车）、居住区出入口、消防通道、消防登高面、道路断面形式等。

模块 7

绿地景观设计构思

教学目标

通过对居住区绿地组成及绿地指标，绿地景观设计的基本设计手法、要求及原则，室外场地与环境小品的规划布置的学习，学生应掌握居住区绿地景观设计的方法与内容，最终能进行居住区绿地景观的设计。

教学要求

能力目标	知识要点	权重	自测分数
掌握居住区绿地的基本知识	绿地组成、绿地指标	20%	
掌握绿地景观设计的基本设计手法	主景与配景、对景与借景、夹景与框景、隔景与障景、引导与示意、尺度与比例等	20%	
熟悉绿地景观设计的要求及原则	规划要求、规划设计原则	20%	
掌握室外场地与环境小品的规划布置	室外场地规划布置、环境小品规划布置	30%	
了解绿地规划的其他规范要求	居住区绿地应符合的规定	10%	

模块导读

随着生活水平的不断提高，人们对居所的观念也发生了很大的转变，从简单的“生存性居住”转向“高质量居住”，外部环境设计的好坏成为人们选择居住区的一个重要标准。优美的绿地景观环境已成为住宅小区最基本的要素，并且直接反映小区的整体水平及质量，同时，它又是房地产开发商能否经营成功的一个重要因素，对商品住宅的销售产生明显的影响。改善居住区外部环境很重要的途径就是小区绿地景观的设计。建好居住区的空间环境，为人们规划设计优雅的家园，是我们应该不懈追求的目标（图 7.1、图 7.2）。

居住区绿地系统

图 7.1　武汉万科金色城市小区实景

图 7.2　上海金地艺华年小区实景

【引例】居住区绿地景观设计应结合地段地形地貌、历史文化、建筑风格等方面综合考虑，设计师要充分考虑环境景观的合理布局、空间和交通的合理联系及景观艺术效果。景观设计还必须呼应居住区设计整体风格，不同居住区设计风格将产生不同的景观配置。景观的表现手法多种多样。居住区的景观设计不但要求美观大方，更需要实用。那么，如何创造风景优美的居住区生活环境呢？

居住区绿地是城市绿地的重要组成部分，其特点为分布广泛，使用率极高，与人们的日常生活联系最为紧密。居住区环境绿化是改善生态环境质量和服务居民日常生活的基础，居住区内的绿化通过增加湿度、降低风速、减少和吸附灰尘、保持水土等生态作用来调节气温，改善小气候，对于缓解热岛效应有明显效果。

宜居的环境景观不只是简单地提高绿地率，还需具有园林的一些特征，给生活在其中的人带来一种亲和力，满足居住者生理、精神双重需要，给住户提供一个优美舒适、有归属感的场所。优美的环境景观不仅可以美化居住区环境，还可以创造出和谐融洽的邻里交往氛围。

7.1 绿地组成和绿地指标

1. 绿地组成

（1）公共绿地指居住区内居民公共使用的绿化用地，包括居住区各级中心绿地以及老年人、儿童活动场地和其他块状、带状公共绿地（图 7.3）。

绿道

（2）配套公共建筑设施附属绿地指居住区内各类公共建筑和公用设施的环境绿地，如幼儿园、医院、中小学、电影院、会所等公共建筑的绿化用地（图 7.4）。

图 7.3　某小区公共绿地

图 7.4　某小区幼儿园绿地

（3）道路绿地指居住区各级道路红线以内的绿化用地（图 7.5）。

（4）宅旁绿地指居住建筑四周的绿化用地，是最接近居民的绿地（图 7.6）。

图 7.5 某小区道路绿地

图 7.6 某小区宅旁绿地

2. 绿地指标

1）计算指标

居住区的绿地指标由人均公共绿地面积和绿地率组成，其计算公式如下。

$$人均公共绿地面积=\frac{居住区公共绿地面积}{居住区居民人数}\times 100\%$$

$$绿地率=\frac{居住街坊内绿地面积}{居住街坊用地面积}\times 100\%$$

居住街坊内绿地面积的计算方法应符合下列规定。

（1）满足当地植树绿化覆土要求的屋顶绿地可计入绿地面积。

（2）当绿地边界与城市道路邻接时，应算至道路红线；当与居住街坊附属道路邻接时，应算至路面边缘；当与建筑物邻接时，应算至距房屋墙脚 1.0m 处；当与围墙、院墙邻接时，应算至墙脚。

（3）当集中绿地与城市道路邻接时，应算至道路红线；当与居住街坊附属道路邻接时，应算至距路面边缘 1.0 处；当与建筑物邻接时，应算至距房屋墙脚 1.5m 处。

2）定额指标

居住区配建绿地包括公共绿地和附属绿地，并要求集中设置相应的中心绿地。公共绿地的控制指标不应小于表 7.1 的规定，其中中心绿地应设置 10%～15% 的体育活动场地。

表 7.1 公共绿地的控制指标

类别	人均公共绿地面积 /（m^2/ 人）	居住区公园		备注
		最小规模 / hm^2	最小宽度 / m	
15 分钟生活圈居住区	2.0	5.0	80	不含 10 分钟生活圈以下级居住区的公共绿地指标
10 分钟生活圈居住区	1.0	1.0	50	不含 5 分钟生活圈以下级居住区的公共绿地指标
5 分钟生活圈居住区	1.0	0.4	30	不含居住街坊的绿地指标

注：居住区公园中应设置 10%～15% 的体育活动场地。

当旧区改建确实无法满足表 7.1 的规定时，可采取多点分布以及立体绿化等方式改善居住环境，但人均公共绿地面积不应低于相应控制指标的 70%。

居住街坊内集中绿地的规划建设，应符合下列规定。

（1）新区建设不应低于 0.5m^2/ 人，旧区改建不应低于 0.35m^2/ 人。

（2）宽度不应小于 8m。

（3）在标准的建筑日照阴影线范围之外的绿地面积不应少于 1/3，其中应设置老年人、儿童活动场地。

特别提示

各级居住区中，三个生活圈的配建绿地属于城市公共绿地（G 类），居住街坊内的附属绿地则属于城市用地分类中的住宅用地（R 类）。同时，各级居住区配建绿地应集中设置中心绿地，从而有利于形成集中与分散相结合的绿地系统，既方便居民日常不同的游憩活动需要，又有利于创造居住区内大小结合、层次丰富的公共活动空间，可取得较好的空间环境效果。

7.2 绿地景观设计的基本设计手法

绿地景观设计基本设计手法

居住区绿地景观的设计要依据居住区的规模和建筑形态，从场地的基本条件、地形地貌、土质水文等方面分析，从平面和空间两个方面入手，通过合理的用地配置，适宜的景观层次安排，将水体、建筑、植物、地形等元素，巧运匠心、反复推敲，组织成为优美的景观，达到居住区整体意境及风格塑造的和谐。常用的基本设计手法如下。

1. 主景与配景

“牡丹虽好，还需绿叶扶持”，景无论大小均有主景与配景之分。主景是重点、核心，是空间构图的中心，能体现绿地景观的功能与主题，富有艺术上的感染力，是观赏视线集中的焦点。配景起到衬托作用，是主景的延伸和补充。主景必须突出，配景也必不可少，但配景不能喧宾夺主，应能够对主景起到烘云托月的作用，常用的突出主景方法有以下几种。

1）主景升高或降低法

使主景的高程高于或低于其他景物，使其在高度上与其他景物有对比而得以突出。如“主峰最宜高耸，客山须是奔趋”，或四面环山，中心平凹法。主景升高可产生仰视效果，且简化背景，主景的造型和轮廓在背景的衬托下突出、鲜明（图 7.7）。

2）运用轴线或风景视线的焦点

一条轴线的端点或几条轴线、风景视线的交点都有较强的表现力，如在交点或端点处安排景物，则可增加该景物的突出性和重要性，具有较强的表现力，容易被游人注意（图 7.8）。

图 7.7　主景升高法

图 7.8　轴线法

3）对比衬托法

以次景之粗衬主景之精，以暗衬明、以深衬浅、以绿衬红、以白衬青等。

4）动势向心法

在园林绿地中，环拱水平视觉空间多出现在宽阔的水平面景观或由地形围合环抱的如盆地类型的园林空间中，在这样四周为围合要素的空间中，周围景物具有向心的动势，动势的稳定点则集中在水面、广场、庭院中的焦点上。把主景置于周围景观的动势集中部位，可以使其突出。

5）中心、重心法

把主景置于园林空间的几何中心或相对重心部位，使全局规划稳定适中。

6）尺度突出法

用超常的尺度显示主景的主导地位（图 7.9）。

2. 对景与借景

景观设计的平面布置中，往往有一定的建筑轴线和道路轴线，在尽端安排的景物称为对景。对景往往是平面构图和立体造型的视觉中心，对整个景观设计起到主导作用。对景可以分为直接对景和间接对景。直接对景是视觉最容易发现的景，如道路尽端的亭台、花架等，一目了然；间接对景不一定在道路的轴线上或行走的路线上，其布置的位置往往有所隐蔽或偏移，给人以惊异或若隐若现之感（图 7.10）。

借景也是景观设计常用的手法。通过建筑的空间组合，或建筑本身的设计手法，将远处的景致借用过来。这种借景的手法可以丰富景观的空间层次，给人极目远眺、身心放松的感觉。

图 7.9　尺度突出法

图 7.10　对景

3. 夹景与框景

在人的视野中，两侧夹峙而中间观景为夹景（图 7.11），四方围框而中间观景则为框景（图 7.12），这是人们为组织视景线和局部定点定位观景的具体手法。类似照相取景，往往达到增加景深、突出对景的奇异效果。夹景多利用植物树干、树丛、树列、土山、建筑等形成加以屏障，形成左右较封闭的狭长空间；框景多利用建筑的门窗、柱间、假山洞口等有选择地摄取另一空间的优美景色，恰似一幅嵌于镜框中的立体风景画，如深圳万科第五园的造景多采用此方法。

图 7.11　夹景

图 7.12　框景

4. 隔景与障景

“佳则收之，俗则屏之”是我国古代造园的手法之一，在现代景观设计中，也常常采用这样的思路和手法。隔景是将好的景致收入景观中，将乱差的地方用树木、墙体遮挡起来。障景通过用实体直接采取截断行进路线或逼迫其改变方向的办法来完成。

5. 引导与示意

引导的手法是多种多样的。采用的材质有水体、铺地等很多元素。示意的手法包括明示和暗示。明示指采用文字说明的形式（如路标、指示牌等小品）来完成。暗示可以通过地面铺装、树木的有规律布置的形式指引方向和去处，给人以身随景移、“柳暗花明又一村”的感觉。

6. 渗透和延伸

在景观设计中，景区之间并没有十分明显的界限，而是你中有我，我中有你，渐而变之。渗透和延伸经常采用草坪、铺地等的延伸、渗透，起到连接空间的作用，给人在不知不觉中景物已发生变化的感觉。在心理感受上不会“戛然而止”，给人良好的空间体验。

7. 尺度与比例

景观设计主要尺度依据在于人们在建筑外部空间的行为，人们的空间行为是确定空间尺度的主要依据。无论是广场、花园或绿地都应该依据其功能和使用对象确定其尺度和比例，综合考虑园林环境中水、石、树等的形状、比例问题，以达到整体环境的协调。

8. 质感与肌理

景观设计的质感与肌理主要体现在植被和铺地方面。不同的材质通过不同的手法可以表现出不同的质感与肌理效果（图 7.13）。例如，花岗石的坚硬和粗糙，大理石的纹理和细腻，草坪的柔软，树木的挺拔，水体的轻盈。这些不同材料加以运用，有条理地加以变化，将使景观富有更深的内涵和趣味。

9. 节奏与韵律

节奏与韵律是景观设计中常用的手法，在景观的处理上节奏包括铺地材料有规律的变化，灯具、树木以相同间隔的安排，花坛的均匀分布等。韵律是节奏的深化（图 7.14）。

图 7.13　质感与肌理

图 7.14　节奏与韵律

特别提示

在居住区绿地整体规划设计中，应始终将城市大环境与居住区小环境相结合，将小区的景观设计作为对城市绿地功能的延伸和过渡，通过景观设计手法的合理运用，将园林小品、建筑物、园路充分融合，体现园林景观与生活、文化的有机联系，并在空间组织上达到步移景异的效果。

7.3 绿地景观设计的要求及原则

1. 规划要求

1）强调环境景观的共享性

这是住房商品化的特征，应使每套住房都获得良好的景观环境效果，首先要强调居住区环境资源的均衡和共享，在规划时应尽可能地利用现有的自然环境创造人工景观，让所有的住户能均匀享受这些优美环境；其次要强化围合功能强、形态各异、环境要素丰富、安全安静的院落空间，达到良好的归属领域效果，从而创造温馨、朴素、祥和的居家环境。

2）强调环境景观的文化性

崇尚历史、崇尚文化是近来居住景观设计的一大特点，开发商和设计师不再机械地割裂居住建筑和环境景观，开始在文化的大背景下进行居住区的规划和策划，通过建筑与环境艺术来表现历史文化的延续性。

3）强调环境景观的艺术性

当今居住区环境景观设计开始关注人们不断提升的审美需求，呈现出多元化的发展趋势，如当今流行的欧陆风格、地中海风格、现代中式风格等，提倡简洁明快的景观设计风格。同时环境景观更加关注居民生活的舒适性，不仅为人所赏，还为人所用。创造自然、舒适、亲近、宜人的景观空间，是居住区景观设计的又一趋势。

2. 规划设计原则

1）整体性原则

从整体上确立居住景观的特色是设计的基础。这种特色是指住宅区总体景观的内在和外在特征。它来自对当地的气候、环境等自然条件及历史、文化、艺术等人文条件的尊重与发掘。不是随设计者主观断想与臆造的，更不是肆意吹捧的商业词汇——罗马风、威尼斯花园、北美风情等，而是通过对居住生活功能、规律的综合分析，对自然、人文条件的系统研究，对现代生产技术的科学把握，进而提炼、升华创造出来的与居住活动紧密交融的景观特征。景观设计应立足于自己的一方水土，尊重地域与气候，尊重民风乡俗，真正地关心居民景观于细微之处，精心创作，建造优秀的住宅小区。像上海的春申小区、深圳的万科 17 英里等，都是在分析地域性特色的基础上做出的适合本地区的景观设计。

2）舒适性原则

居住区景观设计的舒适性着重表现在视觉上与精神上的享受。居住区绿地景观首先要了解居民的各种基本需求，在此基础上进行设计。在设计过程中，要照顾到各类居民的基本要求和特殊要求。这体现在活动场地的分布、交往空间的设置、户外设施及景观小品的尺度、色调等方面，使人们在交往、娱乐、活动、休闲、赏景时更加舒适、便捷，创造一个生态和谐的居住区环境；其次要赋予环境景观亲切宜人的艺术感召力，通过美化生活环境，为居民提供亲近大自然的机会。人们以前提倡小区内有花园，如今更向往住在花园，这就要求规划时应该更加体现一种创造自然的深度。

3）海绵城市原则

海绵城市理念与景观设计相结合，将成为居住区景观设计的趋势。将保存生态资源作为景观设计前提，实现土地资源优化，通过小尺度场地中设置分散的过滤、滞留等工程设施提供径流的储存和过滤。在工程性措施中主要包括都市自然排水系统（植被洼地、浅沟和低势绿地）、雨水花园（生态滞留草沟）、可渗透路面、生态屋顶等。合理利用雨水资源，倡导城市与自然的和谐相处，景观的规划设计必须是以满足海绵城市需求为主要目的，这样园林景观才可以更好地发挥其艺术特性。

4）生态性原则

回归自然、亲近自然是人的本性，也是居住发展的基本方向。居住区景观设计第一步就要考虑当地的生态环境特点，对原有土地、植被、河流等要素进行保护和利用；第二步就是要进行自然的再创造，即在人们充分尊重自然生态系统的前提下，发挥主观能动性，合理规划人工景观。不论是在住宅本体上还是居住环境中，每一种景观创造的背后都应与生态原则吻合，都应体现形式与内容内在的理性与逻辑性。特别是要重视现代科学技术与自然资源利用的结合，寻求适应自然生态环境的居住形式，创造出整体有序、协调共生的良性生态系统，为居民的生存和发展提供适宜的环境。具有生态性的居住景观能够唤起居民美好的情趣和感情的寄托，从而达到诗意的初居。

5）特色原则

景观设计要充分体现地方特征和基地的自然特色。我国幅员辽阔，自然区域和文化地域的特征相去甚远，居住区景观设计要把握这些特点，营造出富有地方特色的环境。同时居住区景观应充分利用区内的地形地貌特点，塑造出富有创意和个性的景观空间。一是要尊重历史，保护和利用历史性景观。对于历史保护地区的居住区园林绿化设计，更要注重整体的协调统一，做到保留在先，改造在后。二是要体现社区文化。每个地区至某个地点都有其独特的历史风韵和民间传说，要传承自然纯朴的文化，提倡公共参与设计、建设和管理。三是要在整体格调统一的前提下，各局部空间也要各具特色。

特别提示

居住区绿地景观应以可持续发展为主题，以改善城市生态环境、人居环境为出发点，进行人性化的规划设计。坚持树立生态优先、环境优先的理念，努力营造生态型、观赏型、游憩型，且能体现地域文化特色的居住区绿地景观。牢固树立和践行党的二十大报告提出的绿水青山就是金山银山的理念，站在人与自然和谐共生的高度谋划发展。

7.4 室外场地与环境小品的规划布置

依据居住区的功能特点，居住区绿地景观的组成元素不同于狭义的园林绿化，它是以塑造人的交往空间形态，突出“场所 + 景观”的环境特征为设计原则，具有概念明确、简练实用的特点。所有空间环境的构成要素包括各类园境小品、休闲设施、植物配置，以及居住区内部道路、停车场地、公共服务设施、建筑形态及其界面，乃至人的视线组织等都在居住区环境景观设计范围之内。居住区环境景观设计不仅体现在各种造景要素的组织、策划上，而且还涉及居住区空间形态的塑造、空间环境氛围的创造。

建筑场地

1. 室外场地规划布置

1）居住区道路

居住区道路分车行和步行道路两种，车行道路一般比较宽阔，道路两侧应布有适合本地气候环境的乔木植株（图 7.15）；步行道路可分为散步、健身、缓跑道路等，设计者应以使用者的舒适度为最重要指标，当曲则曲、当窄则窄（图 7.16）。力求有收有放、树影相荫、因坡而隐、遇水而现，并串联花台、亭廊、水景、游戏场等，使休闲空间有序展开，植被错落有致，增强环境景观的层次感。

图 7.15　车行道路

图 7.16　步行道路

2）休闲广场

休闲广场主要用于满足居住区中人车流集散、社会交往等需求。为居民的使用方便，休闲广场应分置于绿色街坊之中，设于居住区的人流集散地（如中心区、主入口处），广场上应保证大部分面积有日照和遮风条件（图 7.17）。形式不宜一味追求场地本身的完整性，应多考虑用一些不规则的小巧灵活的构图方式，形成大小不一的地块，使场地既能作为个人交往的小尺度私密空间，又可举行大型公共活动。

图 7.17　某小区休闲广场

3）运动健身场

居住区运动健身场一般包括网球场、羽毛球场、篮球场、室外游泳场和一般健身活动场地。健身运动场应分散在居住区方便居民就近使用又不扰民的区域。不允许有机动车和非机动车穿越运动场地。

4）儿童游乐场

儿童在居住区总人口中占有相当的比例，他们的成长与居住环境，特别是室外活动环境关系十分密切。儿童游乐场应该在景观绿地中划出固定的区域，一般均为开敞式。游乐场地必须阳光充足、空气清洁，能避开强风的袭扰。应与居住区的主要交通道路相隔一定距离，减少汽车噪声的影响并保障儿童的安全。儿童游乐场周围不宜种植遮挡视线的树木，保持较好的可通视性，便于成人对儿童进行目光监护。儿童游乐场设施的选择应能吸引和调动儿童参与游戏的热情，兼顾实用性与美观。色彩可鲜艳但应与周围环境相协调。游戏器械选择和设计应尺度适宜，避免儿童被器械划伤或从高处跌落，可设置保护栏、柔软地垫、警示牌等。如图 7.18、图 7.19 所示。

图 7.18 儿童游戏设施一

图 7.19 儿童游戏设施二

5）老年人活动场地

在住宅外部，各种类型、大小的老年人活动场地必不可少，一般有中心活动区、小群体活动区、私密性活动区。老年人活动场地的步行空间环境设计首先应保证路面平坦，利于通行；其次是遇水不滑；另外是尽量避免台阶，高差处应设平缓坡道。在老人身体高度内应避免有横向凸出物。路面铺装材料以安全舒适为宜。在道路转折与终点处宜设置一些标志物以增强导向性，使之具有方向指认功能。供老人使用的步行道宽度一般不宜小于 2.5m。在道路交叉口、街坊入口以及被缘石隔断的人行道均应设缘石坡道，其坡度一般为 1：12。步行道里侧的缘石，在绿化带处高出步行道至少 0.1m，以防老人拐杖打滑。如图 7.20 所示。

图 7.20 老年人休息空间

2. 环境小品规划布置

室外环境小品分为建筑小品、装饰小品、公用设施小品、游憩设施小品、工程设施小品及铺地等六类，如图 7.21～图 7.28 所示。环境小品规划设计要求有整体性、实用性、艺术性、

图7.21　木制亭

图7.22　弧形廊

图7.23　抽象雕塑

图7.24　花坛

图7.25　花钵

图7.26　景墙

图 7.27 置石

图7.28 喷泉

趣味性、地方性、大量性。居住环境小品的规划布置要根据不同功能要求，因地制宜，主要结合公共绿地、公共商业服务中心、庭院、广场、街道等公共场所布置。

1）公用设施小品

公用设施小品包括垃圾容器、信息标志、灯具（图 7.29、图 7.30）、自行车架等。

图7.29 指示牌

图7.30 路灯

景观游憩设施

2）游憩设施小品

游憩设施小品主要结合公共绿地、人行步道、广场等布置，为成人、老年人设置健身器械。其中供儿童游戏的器械则布置在儿童游戏场地。如图 7.31 所示，应结合环境规划来考虑座椅的造型和色彩，力求简洁适用。

图 7.31　座椅

3）工程设施小品

工程设施小品的布置应首先符合工程技术方面的要求。在地形起伏的地区常常需要设置挡墙、护坡、坡道等工程设施，这些设施如能巧妙利用和结合地形，并适当加以艺术处理，往往也能给居住区面貌增添特色。

4）铺地

广场铺地是人们在居住区中通过和逗留的场所，是人流集中的地方，在规划设计中，通过它的地平高差、材质、颜色、肌理、图案等的变化创造出富有魅力的路面和场地景观。居住区铺地按铺装方式可分为功能性铺地、带图案铺地、嵌草砖铺地和碎料铺地。如图 7.32、图 7.33 所示。

铺地

图7.32　硬质铺地

图7.33　木制铺地

特别提示

居住区景观规划设计中应始终坚持党的二十大报告所提出的以人民为中心的发展思想，不断实现人民对美好生活的向往。应始终注重社会化、人性化要求，居住区绿化主要是满足人们游憩活动和交流，其环境氛围要充满生活气息，做到景为人用，富有人情味。规划设计中应注意以下两点。

（1）室外场地的规划布置应根据不同的功能进行安排，如广场、小游园等应设计在居民相对集中且经常经过或自然到达的地方。

（2）环境小品的设置应特别注意，应考虑老人、儿童等特殊人群的具体要求，在达到放松身心的同时确保其人身安全。

7.5 绿地规划的其他规范要求

居住区户外场地和绿地的规划布置的设计要求

居住区内绿地应符合下列规定。

（1）一切可绿化的用地均应绿化，并宜发展垂直绿化。

（2）居住区内的绿地规划应根据居住区的规划布局形式、环境特点及用地的具体条件，采用集中与分散相结合，点、线、面相结合的绿地系统。并宜保留和利用规划范围内的已有树木和绿地。

（3）居住区内的公共绿地应根据居住区不同的规划布局形式设置相应的中心绿地，以及老年人、儿童活动场地和其他的块状、带状公共绿地等，并应符合下列规定。

① 绿化面积（含水面）不宜小于 70%。

② 便于居民休憩、散步和交往之用，宜采用开敞式，以绿篱或其他通透式院墙栏杆作为分隔。

③ 居住街坊内绿地的设置应满足有不少于 1/3 的绿地面积在标准的建筑日照阴影线范围之外的要求，并便于设置儿童游戏设施和适于成人游憩活动。

（4）人工景观水体的补充水严禁使用自来水。无护栏水体的近岸 2m 范围内及园桥、汀步附近 2m 范围内，水深不应大于 0.5m。

（5）受噪声影响的住宅周边应采取防噪措施。

特别提示

上述的各项规范指标是我们设计居住区绿地时应严格遵循的。此外，由于我国幅员辽阔，地理位置、气候条件等差异较大，目前还有部分省、市为了提高本地区城市居住区绿化设计质量和水平，针对当地情况出台了《居住区绿地设计规范》，如北京等地区，其相关的指标标注只适合该地区。

7.6 绿地景观设计优秀案例赏析

万豪西花苑地块位于扬州邗江区京华城，项目总占地面积约 176244m^2，规划总建筑面积约为 26.4×10^4m^2，总户数 2265 户。

通过景观设计，赋予建筑群落以生命力和思想，引古博今，中西合璧，沉淀居住文化的精华与中国传统文化精神和所处的自然资源结合，创造出适合当代人欣赏口味，具有深厚文脉的生活氛围。通过各景点的过渡与连接，形成了小区内部东西两条中央互动景观带，将景观效应增至最大，满足社区居民对景观均好性方面的需求。

根据空间的布局，规划形成“一街、一园、两纵、四横”的景观结构，两条水轴景观带各具特色。景观设计首选满足基本的功能需求，强调了运动与社交的重要性，设计了若干不同特色的硬质铺地、交际的场地，结合景观林、景墙、特色花架等景观元素的运用，创造出一系列富有趣味的空间环境，增强了居民的参与性，如图 7.34 所示，景观分析图及景观节点如图 7.35～图 7.38 所示。

绿地景观设计

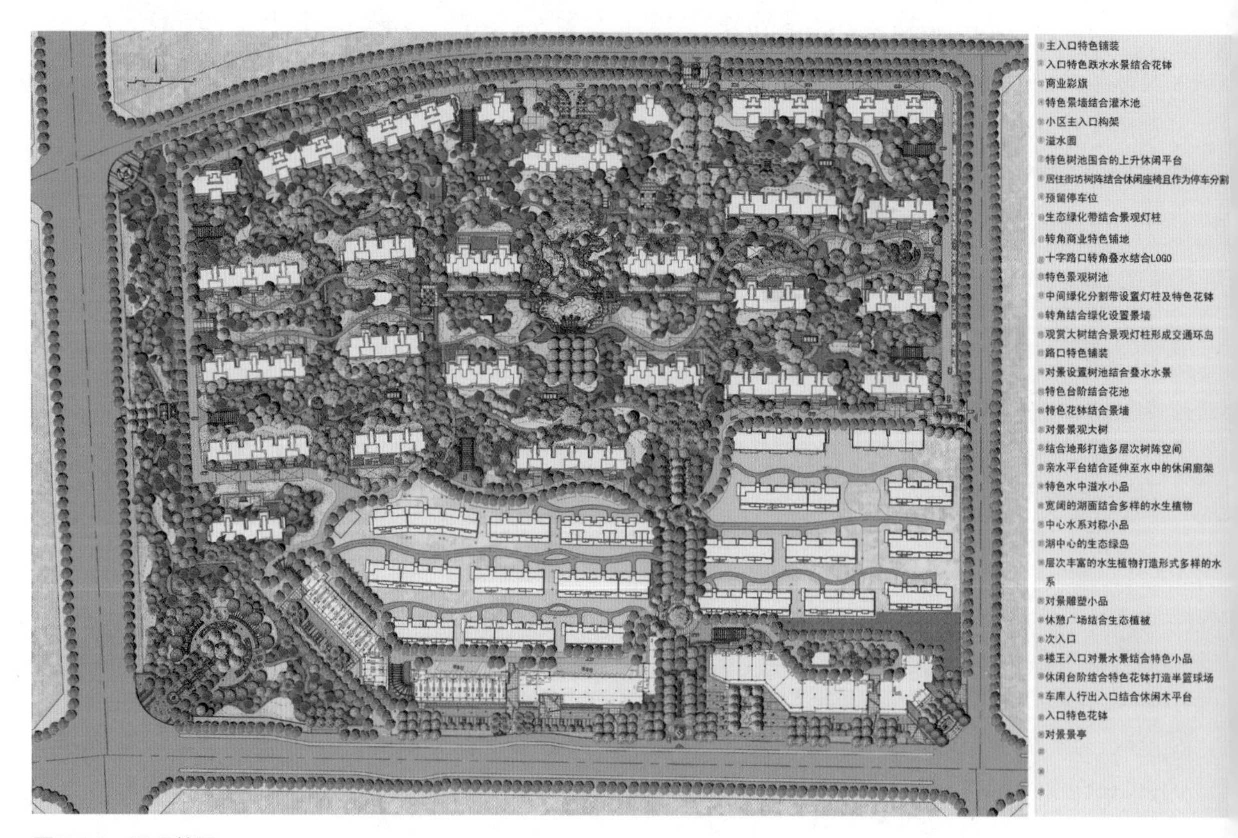

图7.34 景观总图

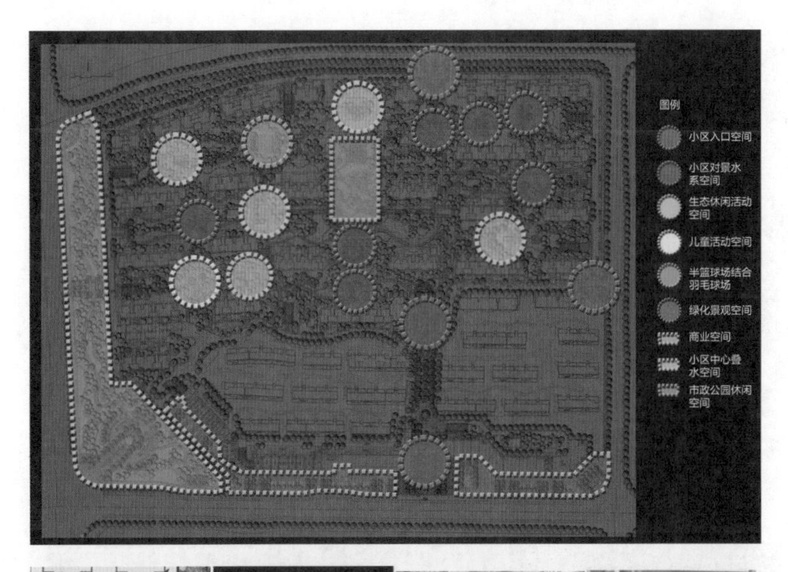

图 7.35　景观功能分析图

图 7.36　景观详图一

图 7.37　景观详图二

图7.38　景观详图三

特别提示

现在居住区景观规划设计飞速变化、五花八门，但是很多创新想法来源于基本点，而且最核心的是如何回归到人的基本需求。居住区的绿化景观需要着重注意以下几个方面。

1. 整体布局

不仅要把握整体的功能，还要兼顾城市规划和建筑的布局，居住区的景观风格及定位。

2. 活动场所

应多配各种类型的活动场地，考虑不同人群的需要，为人们的室外活动提供合适的场地和应用设施。

3. 视觉形态方面

要考虑从每家每户住宅看出去的视觉景观效果，要组织好景观视线的通廊，若干条视线景观的通廊。

模块小结

本模块对绿地景观规划设计进行较详细的阐述，包括绿地组成、绿地景观设计的基本手法、室外场地与环境小品的规划布置等。

具体内容包括：绿地的组成、绿地指标；主景与配景、对景与借景、隔景与障景、引导与暗示等常用的景观设计手法；绿地景观设计的要求、原则；居住区道路、休闲广场、运动健身场、儿童游乐场等场地的规划布置；建筑小品、装饰小品的运用；绿地规划的其他规范要求。

本模块的教学目标是使学生掌握绿地景观设计的内容、方法，最终能进行居住区绿地景观设计。

综合实训

根据课程给定居住区规划设计的内容，进行居住区绿地景观设计。

图纸要求：景观规划总平面图、景观分析图。

模块 8

竖向规划设计构思

教学目标

在规划方案初步确定的基础上，通过竖向设计的学习，学生应能运用竖向设计的原理和方法，进行居住区规划的竖向工程设计。

教学要求

能力目标	知识要点	权 重	自测分数
竖向设计内容与要求	竖向设计的内容、设计要求	30%	
竖向设计动作	竖向设计的设计标高法、设计等高线法等	50%	
土石方工程量计算	土石方工程量的内容和计算方法	20%	

模块导读

竖向规划设计指为了满足规划区道路交通、地面排水、建筑布置和城市景观等方面的综合要求，对自然地形进行利用与改造，确定坡度、控制高程和平衡土（石）方等进行的规划设计，包括道路竖向设计与场地竖向设计。竖向规划设计应有利于建筑布置及空间环境的规划和设计，图 8.1 所示为某安置房小区竖向规划设计。

图 8.1　某安置房小区竖向规划设计

竖向设计排水

【引例】居住区竖向规划设计是在居住区平面规划布局的基础上，对地形的实际情况加以利用和改造，合理决定用地地面标高，使它符合使用，适宜建筑布置和排水，达到功能合理，技术可行，造价经济和景观优美的要求，达到土石方工程量少、投资经济、建设快、综合效益佳的效果，确保改造后的地形能适于布置和修建各类建筑物、构筑物，同时有利于排除地面水，满足居民日常的生活、生产、交通运输以及敷设地下管线要求。为人们创造一个适宜居住的环境，如图 8.2、图 8.3 所示。那么如何在居住区规划设计中合理进行竖向规划设计呢？

图 8.2　某住宅区规划总平面图

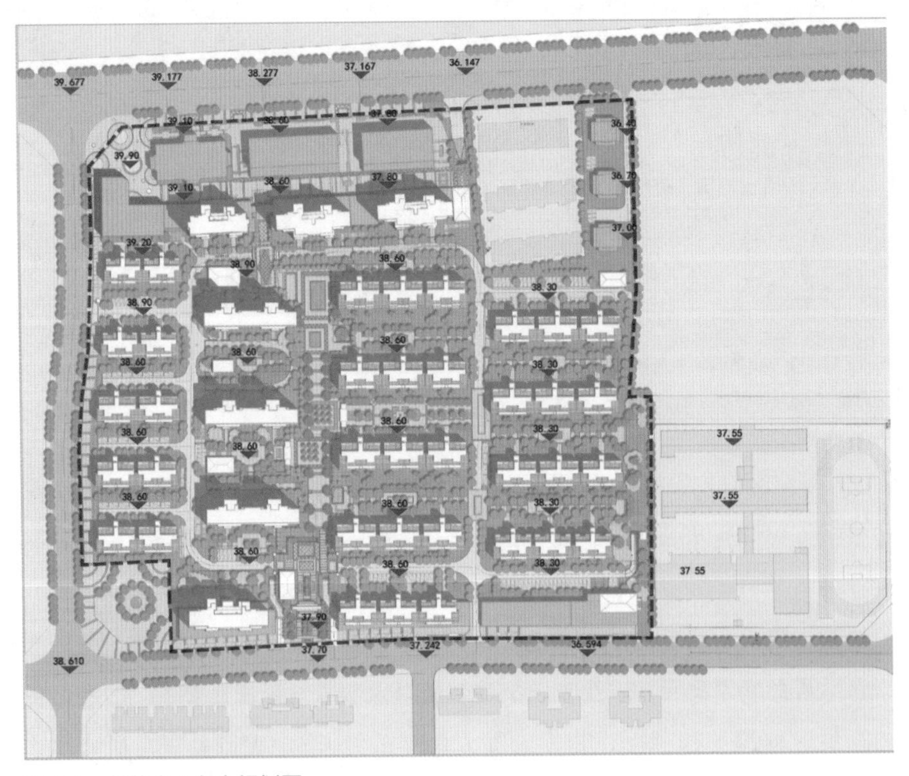

图 8.3　某住宅区竖向规划图

8.1 竖向设计内容与要求

居住区规划在平面布局的基础上，还要进一步做出第三维空间的规划布置，以充分利用和塑造地形，并与建筑物、构筑物、道路、场地等相互结合，达到功能合理、技术可行、造价经济和环境宜人的要求。

居住区竖向设计具体内容包括设计地面形式；道路、建筑、场地及其他设施的标高、位置（如确定道路各控制点的设计标高：道路出入口、中心线转点和变坡点、红线、路缘石处等的设计标高，确定建筑物室内地坪和室外四角的设计标高）；组织地面排水（如标明排水坡向、汇水沟、散水坡位置、设计标高及地下排水管沟走向）；环境竖向规划（如设置挡土墙、护坡等及土石方工程量计算等）。

1. 设计地面

根据功能使用要求、工程技术要求和空间环境组织要求，对基地自然地形加以利用、改造，即为设计地面。设计地面按其整平连接形式可分为三种：平坡式、台阶式和混合式。

1）平坡式

将地面平整成一个或多个坡度和坡向的连续整平面，其坡度和标高都较缓和，没有剧烈的变化［图 8.4（a）］。一般适用于自然地形较平坦的基地，其自然坡度一般小于 3%。对建筑密度较大、地下管线复杂的地段尤为适用。

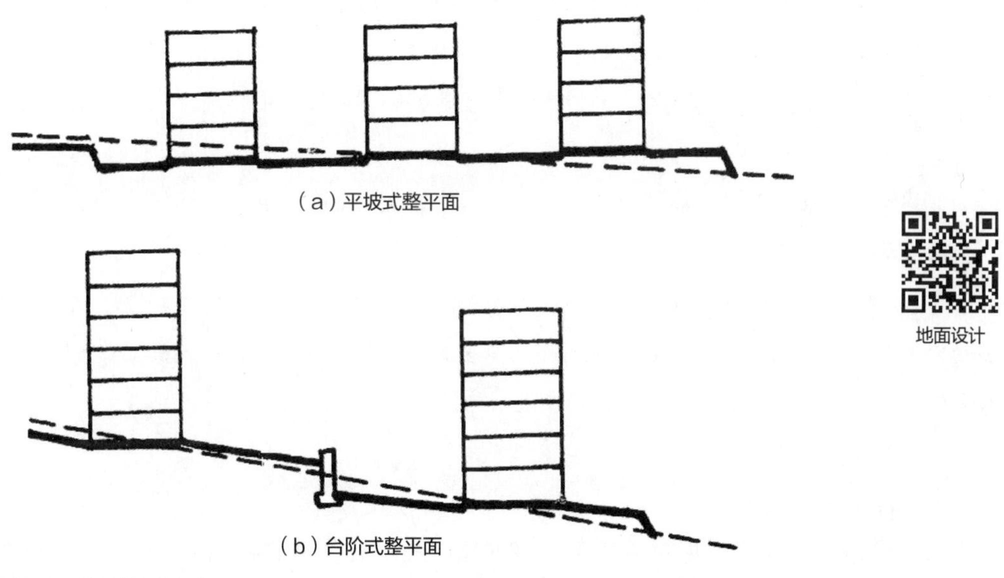

图 8.4　设计地面形式

地面设计

2）台阶式

标高差较大的地块相互连接形成台阶式整平面，相互以梯级和坡道联系［图8.4（b）］。这种台阶式设计地面适用于自然地形坡度较大的基地，其自然地形坡度大于3%。建筑密度较小，管网线路较简单的地段尤为适用此类型。

3）混合式

即平坡式和台阶式混合使用，如根据地形和使用要求，将基地划分为数个地块，每个地块用平坡式平整场地，而地块间连接成台阶。或者重点在局部采用一种整平方式，其余用另一种方式等。

考虑设计地面形式的主要因素在于：基地自然地形坡度、建筑物的使用要求及建筑间的关系、基地面积大小及土石方工程量的大小。此外，还需考虑地质条件（如土质类型等）、施工方法、工程投资等，通过综合技术经济比较合理确定。

2. 设计标高

合理确定建筑物、构筑物、道路、场地的标高及位置是设计标高的主要内容。

1）考虑主要因素与要求

（1）防洪、排水。设计标高要使雨水顺利排除，基地不被水淹，建筑不被水倒灌，山地需注意防洪排洪问题，近水域的基地设计标高应高出设计洪水位0.5m以上。

（2）地下水位、地质条件。避免在地下水位很高的地段挖方，地下水位较低的地段，因下部土层比上部土层的地耐力大，可考虑挖方，挖方后可获得较高的耐力，并可减少基础埋设深度和基础断面尺寸。

（3）道路交通。考虑基地内外道路的衔接，并使区内道路系统平顺、便捷、完善；道路和建筑物、构筑物及各场地间的关系良好。

（4）节约土石方量。设计标高在一般情况下应尽量接近自然地形标高，避免大填大挖，尽量就地平衡土石方。

（5）建筑空间景观。设计标高要考虑建筑空间轮廓线及空间的连续与变化，使景观反映自然、丰富生动、具有特色。

（6）利于施工。设计标高要符合施工技术要求，采用大型机械平整场地，地形设计不宜起伏多变；土石方应就地平衡，一般情况土方宜多挖少填，石方宜少挖；垃圾淤泥要挖除；挖土地段宜作建筑基地，填方地段宜作绿化、场地、道路等承载量小的设施。

2）设计标高的确定

（1）建筑标高。

建筑室内地坪标高要考虑建筑物至道路的地面排水坡度最好在1%～3%，一般允许在0.5%～6%的范围内变动，这个坡度同时满足车行技术要求。

当建筑有进车道时，室内外高差一般为 0.15m。当建筑无进车道时，一般室内地坪高于室外地面标高 0.45～0.60m，允许在 0.3～0.9m 的范围内变动。

地形起伏变化较大的地段，建筑标高在综合考虑使用、排水、交通等要求的同时，要充分利用地形减少土石方工程量，并要组织建筑空间体现自然和地方特色。如将建筑置于不同标高的基地上或将建筑竖向做错层叠落处理、分层筑台等，并要注意整体性，避免杂乱无序（图 8.5）。

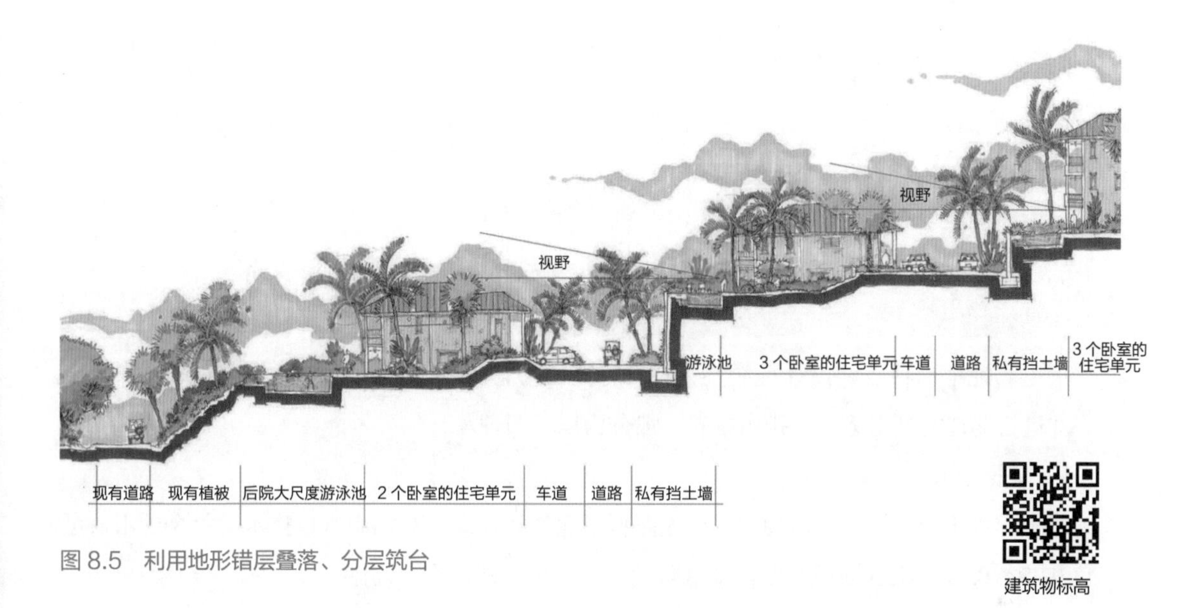

图 8.5 利用地形错层叠落、分层筑台

（2）道路标高。

道路标高要满足道路技术要求、排水要求以及管网敷设要求。一般情况下，雨水由各处整平地面排至道路，然后沿路缘石排水槽排入雨水口，所以，道路不允许有平坡部分，保证最小纵坡≥ 0.3%，道路中心标高一般应比建筑的室内地坪低 0.25～0.30m。

① 机动车道。纵坡一般≤ 6%，困难时可达 8%，多雪严寒地区最大纵坡≤ 5%，山区局部路段可达 12%，但纵坡超过 4% 时都必须限制其坡长。

当纵坡 i 为 5%～6% 时，最大坡长≤ 600m；

当纵坡 i 为 6%～7% 时，最大坡长≤ 400m；

当纵坡 i 为 7%～8% 时，最大坡长≤ 200m。

② 非机动车道。纵坡一般≤ 2%，困难时可达 3%，但其坡长限制在 50m 以内，多雪严寒地区最大纵坡应≤ 2%，坡长≤ 100m。

③ 人行道。纵坡以≤ 5% 为宜，>8% 时宜采用梯级和坡道。多雪严寒地区最大纵坡≤ 4%。

④ 交叉口纵坡≤ 2%，并保证主要交通平顺。

⑤ 桥梁引坡≤ 4%。

⑥ 广场、停车场坡度以 0.3%～0.5% 为宜。

（3）室外场地。

室外场地坡度不得小于 0.3%，并不得坡向建筑散水。力求各种场地设计标高适合雨水、污水的排水组织和使用要求，避免出现凹地。

特别提示

标高设计时应考虑建筑群体空间景观设计的要求，尽可能保留原有地形和植被。建筑标高的确定应考虑建筑群体高低起伏富有韵律感而不杂乱，必须重视空间的连续、鸟瞰、仰视及对景的景观效果。斜坡、台地、踏级、挡土墙等细部处理的形式、尺度、材料应细致，亲切宜人。

3. 场地排水

根据场地地形特点和设计标高，在设计标高中考虑了不同场地的坡度要求，划分排水区域，并进行场地的排水组织。排水方式一般分为以下两种。

1）暗管排水

暗管排水用于地势较平坦的地段。道路低于建筑物标高并利用雨水口排水。每个雨水口可担负 0.25～0.5hm^2 汇水面积，多雨地区采用低限，少雨地区采用高限。

雨水口间距和道路纵坡有关，如多雨地区：

若道路纵坡< 1%，则雨水口间距为 30m；

若道路纵坡为 1%～3%，则雨水口间距为 40m；

若道路纵坡为 3%～4%，则雨水口间距为 40～50m；

若道路纵坡为 4%～6%，则雨水口间距为 50～60m；

若道路纵坡为 6%～7%，则雨水口间距为 60～70m；

若道路纵坡> 7%，则雨水口间距为 80m。

2）明沟排水

明沟排水用于地形复杂的地段。明沟纵坡一般为 0.3%～0.5%。明沟断面宽 400～600mm，高 500～1000mm。明沟边距离建筑物基础不小于 3m，距围墙不小于 1.5m，距道路边护脚不小于 0.5m。

4. 挡土设施

设计地面在处理不同标高之间的衔接时，需要做挡土设施，一般采用护坡和挡土墙，需要布置通路时则设梯级和坡道联系。

1）护坡

护坡是用于挡土的一种斜坡面，其坡度根据使用要求、用地条件和土质状况而定，一般土坡不大于 1 : 1 时坡面应尽量进行绿化美化。护坡坡顶边缘与建筑之间距离应≥ 2.5m，以保证排水和安全。

2）挡土墙

挡土墙是防止路基填土或山坡岩土坍塌而修筑的、承受土体侧压力的墙式构造物。常见类型有以下几种：重力式、板桩式、悬臂式、地锚式（图 8.6）。重力式挡土墙一般有三种形式，即垂直式、仰斜式和俯斜式。仰斜式倾角一般不小于 1 : 0.25，受力较好。挡土墙由于倾斜小或做成垂直式比护坡节省用地，但过高的挡土墙处理不当易带来压抑和闭塞感，将挡土墙分层形成台阶式花坛或和护坡结合进行绿化不失为一种处理手法，挡土墙的土层排水一般在挡土墙墙身设置泄水孔，可利用其设计成水幕墙而构成一景。

挡土墙

室外竖向挡土设施不仅是工程构筑物，也是很好的建筑小品和环境小品（图 8.7）。

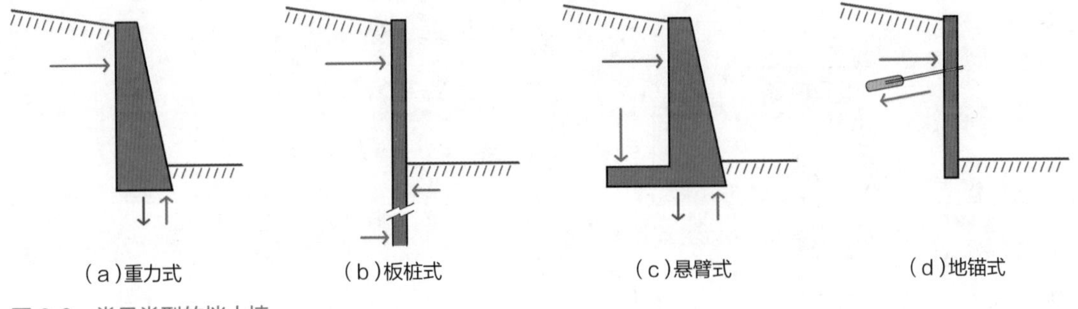

（a）重力式　（b）板桩式　（c）悬臂式　（d）地锚式

图 8.6　常见类型的挡土墙

特别提示

竖向设计图的内容包括以下几方面。

（1）设计的地形、地物、建筑物、构筑物、场地、道路、台阶、护坡、挡土墙、明沟、雨水井、边坡等。

（2）坐标。每幢建筑物至少有两个屋角坐标、道路交叉点、控制点坐标和公共建筑设施及其他需要定边界的用地场地四周角点的坐标。

（3）标高。建筑室内外地坪标高，绿地、场地标高，道路交叉点、控制点标高。

（4）道路纵坡坡度、坡长。

（5）排水方向。室外场地的坡向。

竖向设计图的内容及表现可因地形复杂程度及设计要求的不同而异，如坐标在施工总平面图上已标示，则可忽略。

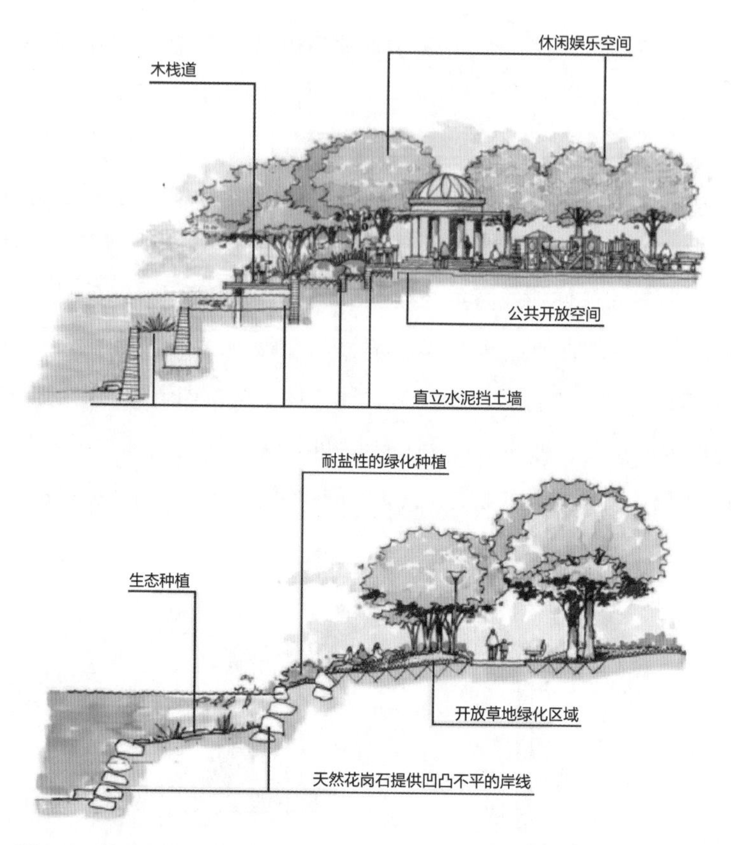

图8.7　挡土设施小品化设计示例

8.2 居住区竖向设计步骤

（1）竖向设计应贯穿于规划设计的全过程中。规划设计工作开始，首先对基地进行地形和环境分析，研究其利用和改造的可能性，用地的竖向处理和排水组织方案，结合居住区规划结构、用地布局、道路和绿地系统组织、建筑群体布置以及公共设施的安排等统一考虑。

（2）总平面方案初步确定后，深入进行用地的竖向高程设计。通常先根据四周道路的纵、横断面设计所提供的高程资料，进行居住区内道路的竖向设计。

在地形比较平缓简单的情况下，小区道路可以不必按城市道路纵断面设计的深度进行设计，只需按地形、排水及交通要求，确定其合适的坡度、坡长，定出主要控制点（交叉点、转折点、变坡点）的设计标高，并注意和四周城市道路高程的衔接。

地形起伏变化较大的小区主要道路则以深入做出纵断面设计为宜。

（3）根据建筑群体布置及区内排水组织要求，考虑地形具体的竖向处理方案，可以用设计等高线或者设计标高点来表达设计地形。

（4）根据地形的竖向设计方案和建筑的使用，以及排水、防洪、美观等要求，确定室内地坪及室外场地的设计标高。

（5）计算土方工程量，如土方工程量过大，或者填挖方不平衡，而土源或弃土困难，则应调整修改竖向设计。

（6）进行细部处理，包括边坡、挡土墙、台阶、排水明沟等的设计。

（7）竖向设计往往需要反复修改、调整，尤其是地形复杂起伏的基地，测量的地形图往往和实际地形有相当大的出入，需要在设计之前仔细核对，而在施工中需要进行修改竖向设计的情况也时常发生。

8.3 竖向设计运作

居住区竖向设计有多种方法，常用的有设计标高法和设计等高线法。

1. 设计标高法

设计标高法特点是规划设计工作量较小，且便于变动、修改，为居住区竖向设计常用的方法。缺点是比较粗略，有些部位标高不明确，为弥补不足，常在局部加设剖面。设计的运作是根据规划总平面图、地形图、周界条件以及竖向规划设计要求，确定区内各项用地控制点标高和建筑物、构筑物标高，并以箭头表示区内各项用地的排水方向，故又名高程箭头法（图 8.8）。

竖向设计法

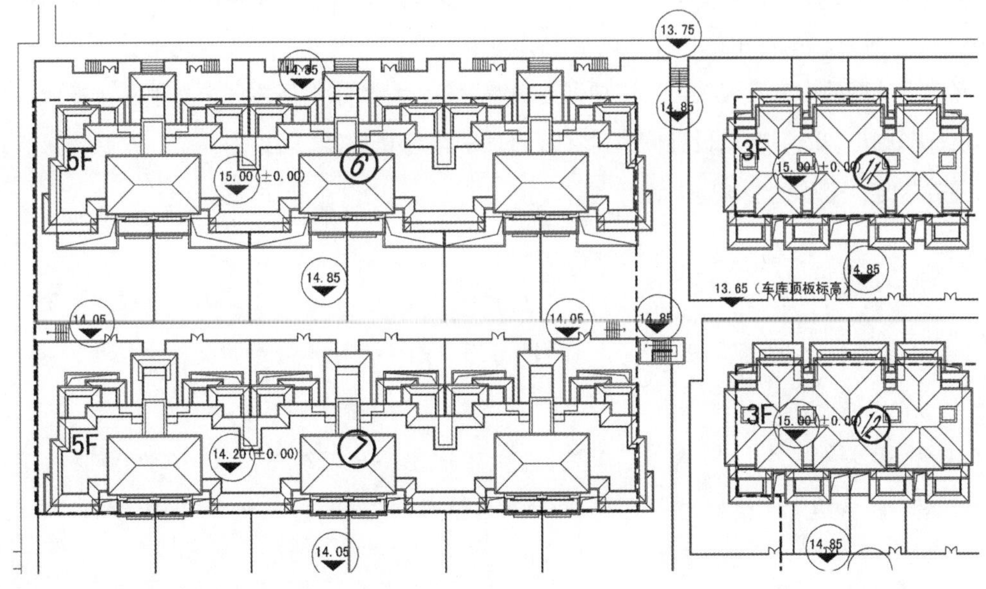

图 8.8 某住宅区设计标高法竖向设计平面（单位：m）

（1）确定设计地面形式。根据地形和规划要求，确定设计地面适宜的平整形式，如平坡式、台阶式或混合式等。

（2）道路竖向设计。要求标明道路中轴线控制点（交叉点、变坡点、转折点）的坐标及标高，并标明各控制点间的道路纵坡与坡长。一般先由居住区边界已确定的道路标高引入区内，并逐级向整个道路系统推进，最后形成标高闭合的道路系统。

（3）室外地坪标高设计。保证室外地面适宜的坡度，标明其控制点整平标高。

（4）建筑标高与建筑定位。根据要求标明建筑室内地坪标高，并标明建筑坐标或建筑物与其周围固定物的距离尺寸，以对建筑物定位。

（5）地面排水。用箭头法表示设计地面的排水方向，若有明沟，则标明沟底面的控制点标高、坡度及明沟的高宽尺寸。

（6）挡土墙、护坡。在设计地坪的台阶连接处标注挡土墙或护坡的设置。

（7）剖面图和透视图。在具有特征或竖向较复杂的部位，做出剖面图以反映标高设计（图 8.9），必要时做出透视图以表达设计意图。

2. 设计等高线法

设计等高线法操作步骤与设计标高法基本一致，只是在表达形式上有所差异，设计标高法用标高和箭头表达竖向设计，设计等高线法则用设计标高和设计等高线表达竖向设计，如图 8.10 所示。设计等高线是将相同设计标高点连接而成，并使其尽量接近原自然等高线，以节约土石方量。设计等高线法的特点是便于土石方量的计算、容易表达设计地形和原地形的关系、便于检查设计标高的正误，适用于地形较复杂的地段或山坡地。但工作量较大且图纸因等高线密布读图不便，实际操作可适当简略，如室外地坪标高可用标高控制点来表示。

竖向设计的等高线法

竖向设计图的内容及表现可以因地形复杂程度及设计要求有所不同，如坐标在规划总平面图上已标明则可省略。竖向设计图也可在规划总平面图中表达，若地形复杂，在总平面图上不能清楚表达时，可单独绘制竖向设计图。

特别提示

竖向设计中等高线的性质如下：①等高线平距越小，地形坡度越大；平距相等地形坡度亦相等；②平同标高的等高线不可能相交（除悬崖处或垂直面处）；③分水线和汇水线和等高线垂直；④等高线除了表示水平的脊线和谷线外，总是闭合的；⑤当地形升高时，等高线向低的方向走，当地形降低时，等高线向高的方向走。

(a)总平面

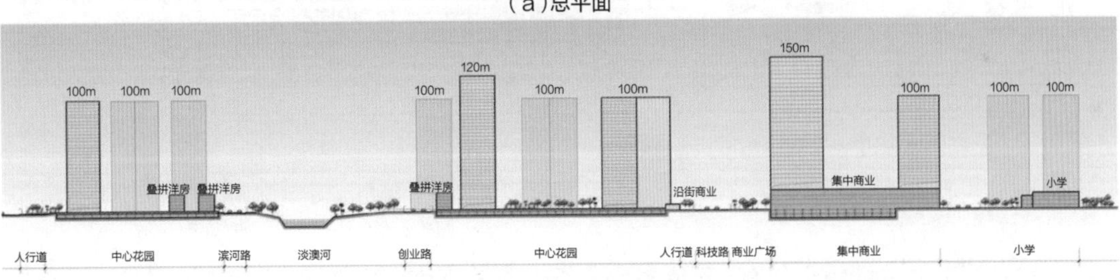

(b)1—1 场地剖面

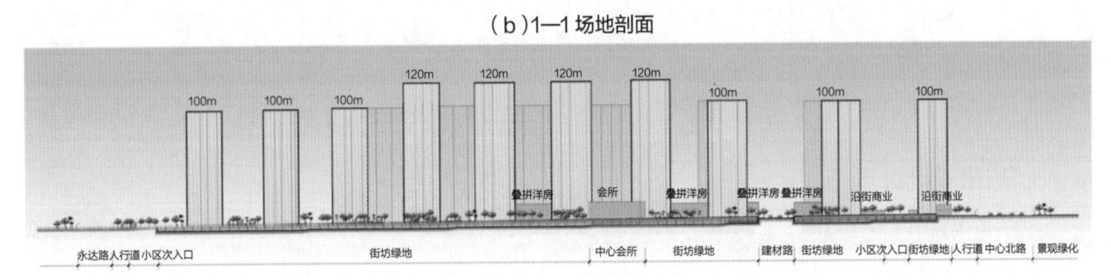

(c)2—2 场地剖面

图 8.9 惠州某住宅区竖向设计平、剖面

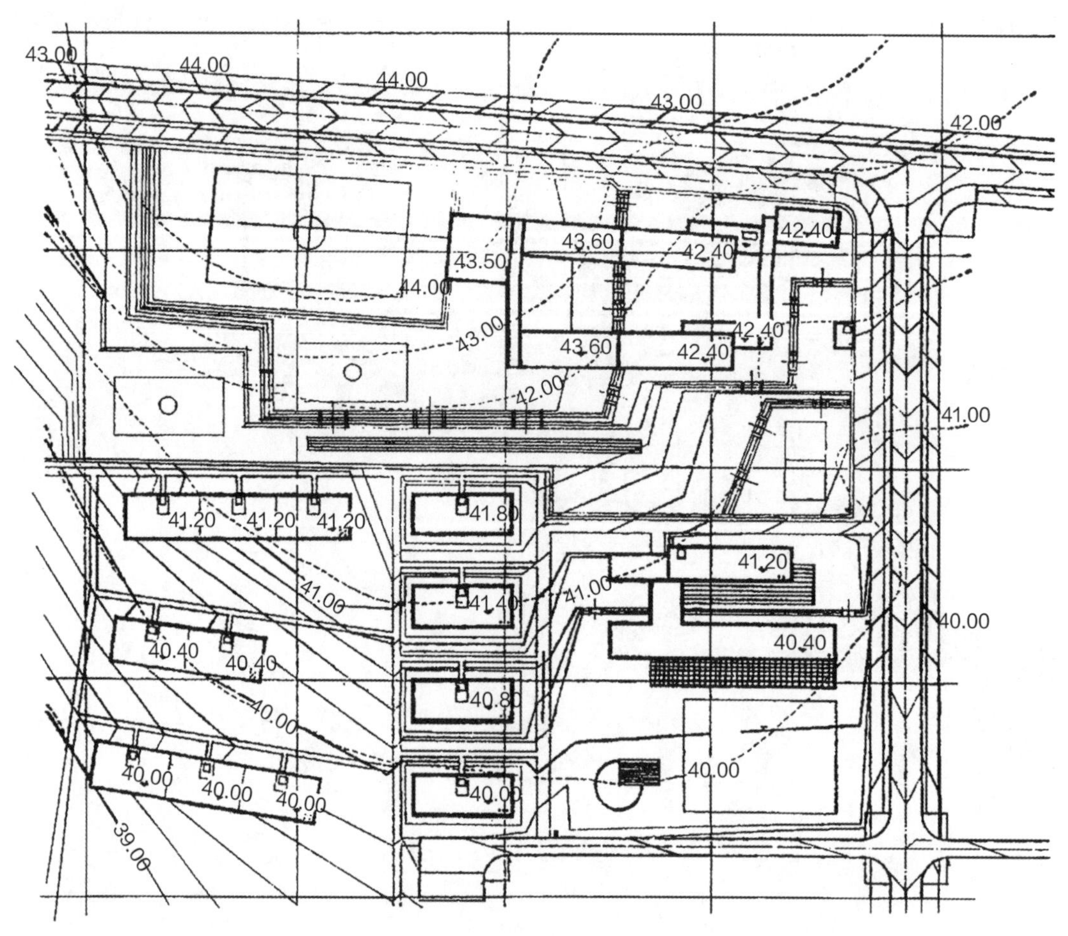

图 8.10　某居住区设计等高线法竖向设计平面（单位：m）

8.4 土石方工程量计算

计算土石方工程量的方法有多种，将常用的方格网计算法和横断面计算法介绍如下。

1. 方格网计算法

该法应用较广泛，其步骤如下，图 8.11 为方格网计算法计算土石方量示例。

1）划分方格

方格边长取决于地形复杂情况和计算精度要求。地形平坦地段用 20～40m；地形起伏变化较大的地段方格边长多采用 20m；做土方工程量初步估算时，方格网可大到 50～100m；在地形变化较大时或者有特殊要求时，可局部加密。

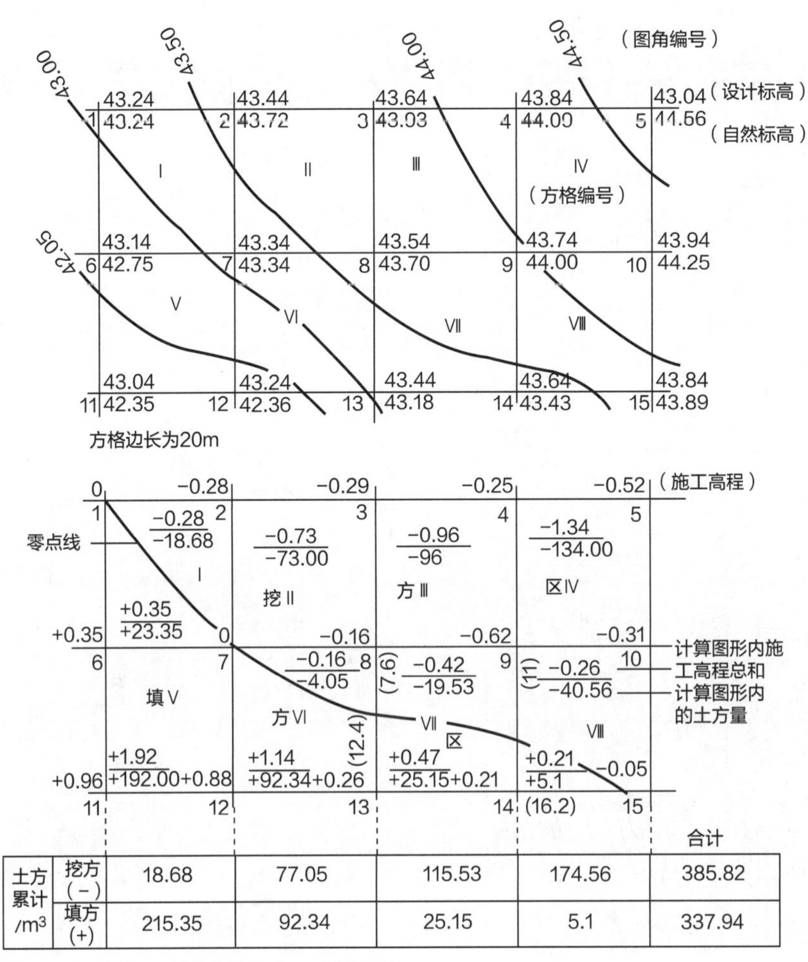

土方累计/m³						
	挖方（−）	18.68	77.05	115.53	174.56	385.82
	填方（+）	215.35	92.34	25.15	5.1	337.94

图 8.11　方格网计算法计算土石方量示例

土石方计算

2）标明设计标高和自然标高

在方格网各角点标明相应的设计标高和自然标高，前者标于方格角点的右上角，后者标于右下角。

3）计算施工高程

施工高程等于设计标高减去自然标高。“+”“−”值分别表示填方和挖方，并将其数值分别标在相应方格角点左上角。

4）作出零线

将零点连成零线即为挖填方分界线，零点线表示不挖也不填。

5）计算土石方量

根据每一方格挖、填方情况，按相应图式分别代入相应公式（表 8.1），计算出挖、填方量，分别标入相应的方格内。

表 8.1　方格网计算法计算土石方量图式与算式

挖填情况	图式	计算公式	附注
零点线计算	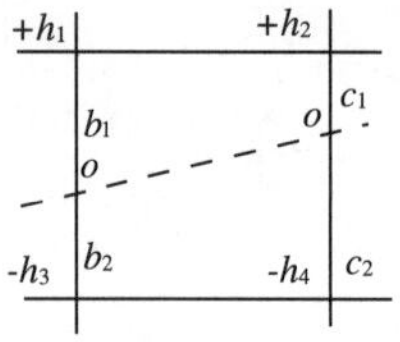	$b_1 = a \cdot \dfrac{h_1}{h_1 + h_3}$ $b_2 = a \cdot \dfrac{h_3}{h_3 + h_1}$ $c_1 = a \cdot \dfrac{h_2}{h_2 + h_4}$ $c_2 = a \cdot \dfrac{h_4}{h_4 + h_2}$	a 为一个方格边长（m）； b、c 为零点到一角的边长（m）； V 为挖方或填方的体积（m^3）； h_1、h_2、h_3、h_4 分别为各角点的施工高程（m），用绝对值代入； $\sum h$ 为填方或挖方施工高程总和（m），用绝对值代入。 本表公式系按各计算图形底面面积乘以平均施工高程得来
正方形四点填方或挖方	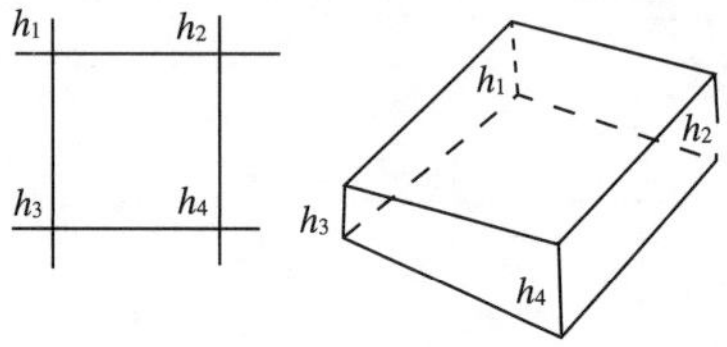	$V = \dfrac{a^2}{4}(h_1 + h_2 + h_3 + h_4)$	
梯形两点填方或挖方	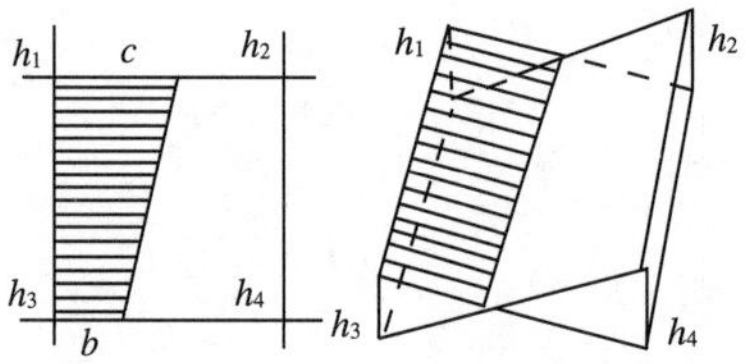	$V = \dfrac{b+c}{2} \cdot a \cdot \dfrac{\sum h}{4} = \dfrac{(b+c) \cdot a \cdot \sum h}{8}$	
五角星三点填方或挖方	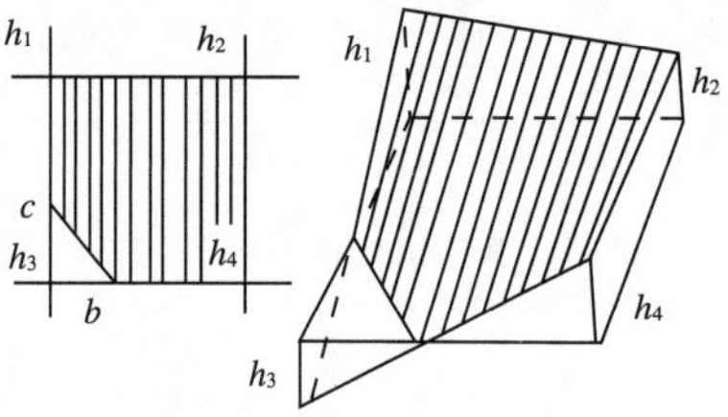	$V = (a^2 - \dfrac{b \cdot c}{2}) \cdot \dfrac{\sum h}{5}$	
三角形一点填方或挖方	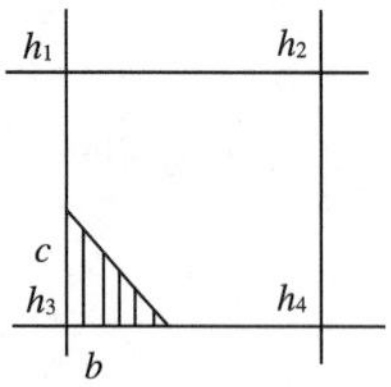	$V = \dfrac{1}{2} \cdot b \cdot c \cdot \dfrac{\sum h}{3} = \dfrac{b \cdot c \cdot \sum h}{6}$	

6）汇总工程量

将每个方格的土石方量分别按挖、填方量相加后算出挖、填方工程总量，然后乘以松散系数，才得到实际的挖、填方工程量。松散系数即挖掘后孔隙增大了的土体积与原土体积之比（表 8.2）。由图 8.11 示例，挖方总量为 385.82m^3，填方总量为 337.94m^3，挖、填方接近平衡。挖、填方量的计算还可采用查表法，以计算机进行分析。

表8.2　几种土壤的松散系数

单位：%

系数名称	土壤种类	系数
松散系数	非黏性土壤（砂、卵石） 黏性土壤（黏土、亚黏土、亚砂土） 岩石类填土	1.5～2.5 3.0～5.0 10.0～15.0
压实系数	大孔性土壤（机械夯实）	10.0～20.0

2. 横断面计算法（图8.12）

此法较简捷，但精度不及方格网计算法，适用于纵横坡度较规律的地段，其计算步骤如下。

1）定出横断面线

横断面线走向一般垂直于地形等高线或垂直于建筑物长轴。横断面线间距视地形和规划情况而定，地形平坦地区可采用的间距为40～100m，地形复杂地区可采用10～30m，其间距可均等，也可在必要的地段增减。

2）作横断面图

根据设计标高和自然标高，按一定比例尺作横断面图，作图选用比例尺视计算精度要求而定，水平方向可采用1∶500～1∶200，垂直方向可采用1∶200～1∶100，常采用水平方向1∶500，垂直方向1∶200。

3）计算每一横断面的挖、填方面积

一般由横断面图用几何法直接求得挖、填方面积，也可用求积仪求得。

4）计算相邻两横断面间的挖、填方体积

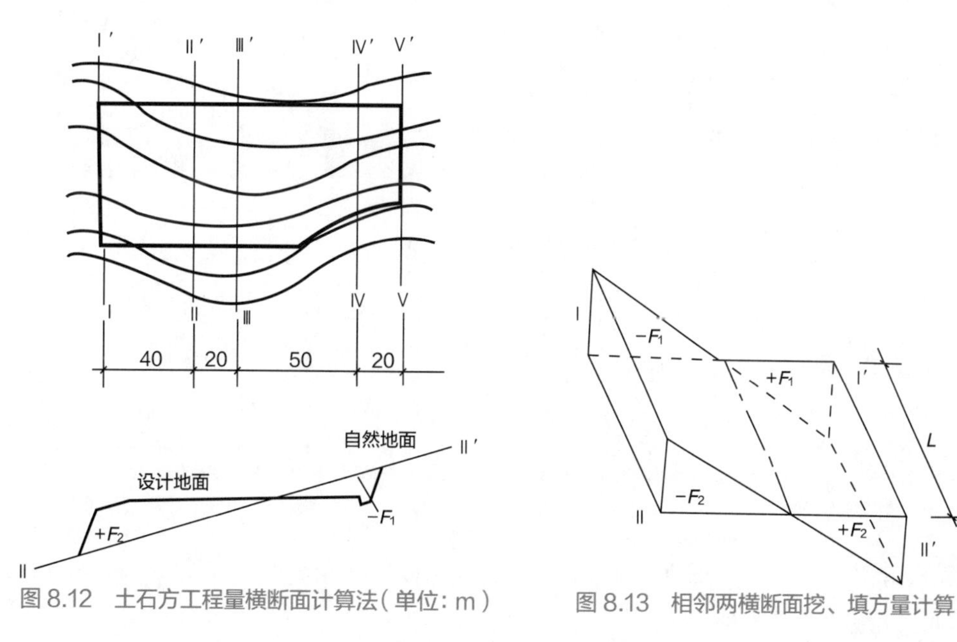

图8.12　土石方工程量横断面计算法（单位：m）

图8.13　相邻两横断面挖、填方量计算

由图 8.13 可得如下计算式。

$$V=\frac{F_1+F_2}{2}L$$

式中：V 为相邻两横断面间的挖方或填方体积（m^3）；F_1、F_2 为相邻两横断面的挖方或填方面积（m^2）；L 为相邻两横断面间的距离（m）。

5）挖、填方量汇总

将上述计算结果按横断面编号分别列入汇总表，并计算出挖、填方总工程量。

3. 余方工程量估算

土石方工程量平衡除考虑上述场地平整的土石方量外，还要考虑地下室、建筑物和构筑物基础、道路以及管线等工程的土石方量，这部分的土石方可采用估算法取得。

（1）各多层建筑无地下室者，可按每平方米建筑基底面积基础余方为 0.1～0.3m^3 估算；有地下室者，地下室的余方可按地下室体积的 1.5～2.5 倍估算。

（2）道路路槽余方按道路面积乘以路面结构层厚度估算。路面结构层厚度以 20～50cm 计算。

（3）管线工程的余方可按路槽余方量的 0.1～0.2 倍估算。有地沟时，则按路槽余方量的 0.2～0.4 倍估算。

特别提示

竖向规划时应充分利用地形，设计应尽量结合自然地形，减少土石方工程量。填、挖方一般应考虑就地平衡、缩短运距。附近有土源或余方有用处时，可不必过分强调填、挖方平衡，一般情况下土方宁多勿缺，多挖少填，石方则以少挖为宜，尽量使管道和地形很好配合而不增加埋深，尽量保留原有地形绿化表土。

模块小结

本模块对居住区竖向规划设计做了较详细的阐述，包括地形设计、建筑及小品、排水设计。

具体内容包括：居住区竖向规划设计的内容与要求、竖向规划的技术规定、竖向规划的设计方法。

本模块的教学目标是使学生通过学习，熟悉居住区竖向规划设计的内容、设计原则和技术规定，掌握居住区竖向规划设计的方法。

综合实训

对已完成的居住区规划方案进行竖向设计。图纸应标明道路中轴线控制点坐标、高程、道路纵坡、坡长、缘石半径、平曲线半径、道路断面；建筑定位、建筑室内标高、室外标高、场地排水方向、室外挡土墙、护坡、踏步等。

模块 9

综合技术经济指标分析

教学目标

通过城市居住区综合经济技术指标的学习。掌握城市居住区各类用地面积的计算方法，熟悉城市居住区技术经济指标和控制指标的内容，最终会用综合经济技术指标评价规划设计方案的合理与否。

教学要求

能力目标	知识要点	权 重	自测分数
掌握城市居住区用地面积的计算方法	用地范围的划分	30%	
掌握技术经济指标和控制指标的内容	技术经济指标和控制指标的内容、计算方法	70%	

模块导读

我们做居住区规划设计是在国家制定的相关设计法规和技术经济指标的要求下对居住区进行整体的规划与设计。结合地段环境的总体布局考虑；满足使用舒适，节地、节能的建筑组合和单体设计；结合地段的地理地貌，或依山傍势，或顺应原有树木、河流、道路，减少对环境破坏的绿化景观设计；人车分流的道路交通组织；日照条件等，这些问题与规划技术经济指标一起形成了一个统一体。

要设计出一个好的居住区规划设计方案，首先必须满足技术经济指标的要求。同样的，在满足技术经济指标的前提下，可设计出各种好的规划设计方案，如图 9.1～图 9.3 所示。

【引例】在居住区规划设计方案构思阶段，根据提供的任务和条件也许会生成一个、二个、三个……方案，那么如何利用综合技术经济指标对方案进行技术及经济分析、计算、比较和评价，从中选出合理的最优方案，为设计决策提供科学的依据？

技术经济指标设计

图 9.1　宁德市七星绿洲项目规划设计方案一

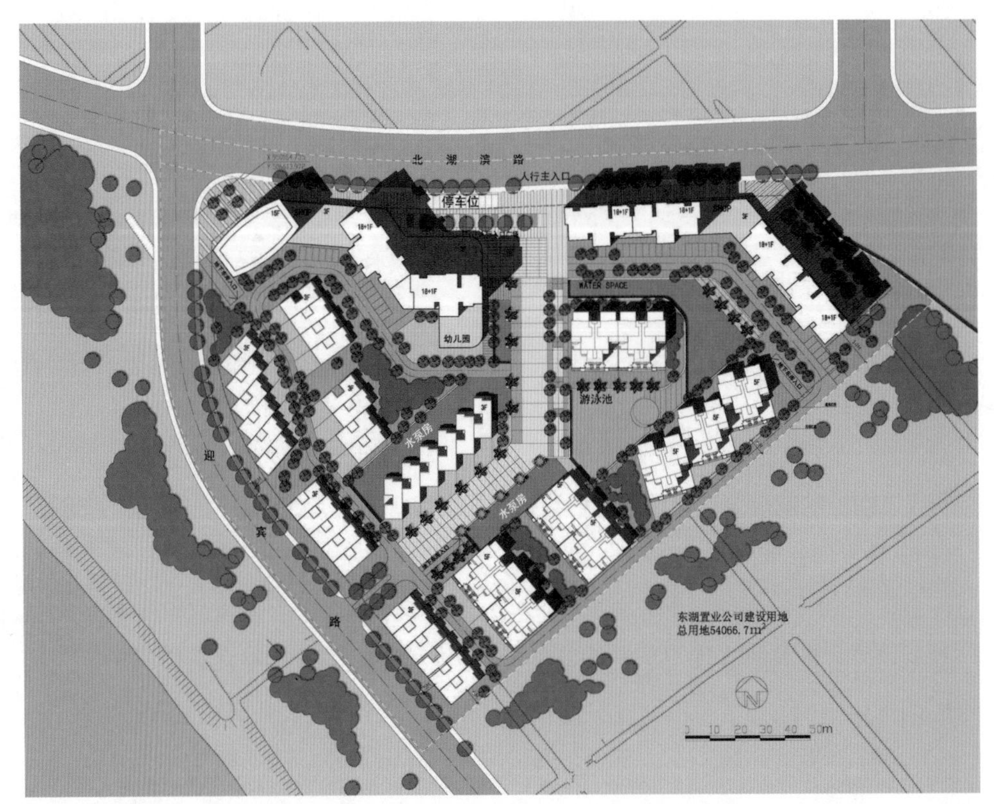

图9.2　宁德市七星绿洲项目规划设计方案二

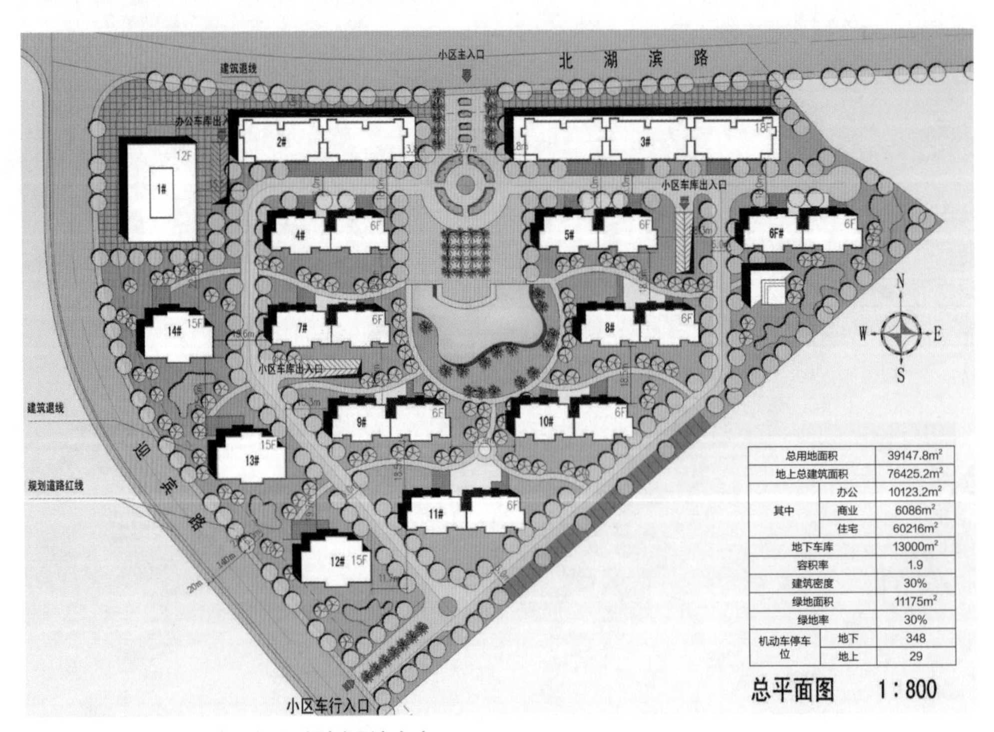

总用地面积		39147.8m²
地上总建筑面积		76425.2m²
其中	办公	10123.2m²
	商业	6086m²
	住宅	60216m²
地下车库		13000m²
容积率		1.9
建筑密度		30%
绿地面积		11175m²
绿地率		30%
机动车停车位	地下	348
	地上	29

图9.3　宁德市七星绿洲项目规划设计方案三

综合技术经济指标是对规划设计方案的质量优劣和先进性、科学性、合理性、经济性进行评价的项目指标，是从量的方面衡量和评价规划质量和综合效益的重要依据。综合技术经济指标中每一项都有针对性地评价和反映居住区某方面的控制作用和使用意义，每一项都是居住区整体居住水平和质量的反映。居住区规划设计、方案评价都需要通过这些指标来反映。

综合技术经济指标不是孤立的，而是相互制约的。评价或优化规划方案时，应综合各项技术经济指标，整体地、综合地评价和优化。

此外，居住区规划设计方案的评价和优化结果，不仅仅取决于综合技术经济指标，还要看规划方案的功能合理性、布局结构的科学性、环境质量的创建等，也就是说同样的综合技术经济指标条件下，可能会出现几个方案，要善于运用这些指标，评价出最优方案。

9.1 用地面积计算方法

1. 居住区总用地计算规则

居住区用地面积应包括住宅用地、配套设施用地、公共绿地和城市道路用地，其计算方法应符合下列规定。

公共绿地设计

（1）居住区范围内与居住功能不相关的其他用地以及本居住区配套设施以外的其他公共服务设施用地，不应计入居住区用地。

（2）当周界为自然分界线时，居住区用地范围应算至用地边界。

（3）当周界为城市快速或高速路时，居住区用地边界应算至道路红线或其防护绿地边界。快速路或高速路及其防护绿地不应计入居住区用地。

（4）当周界为城市干路或支路时，各级生活圈的居住区用地范围应算至道路中心线。

（5）居住街坊用地范围应算至周界道路红线，且不含城市道路。

（6）当与其他用地相邻时，居住区用地范围应算至用地边界。

（7）当住宅用地与配套设施（不含便民服务设施）用地混合时，其用地面积应按住宅和配套设施的地上建筑面积占该幢建筑总建筑面积的比率分摊计算，并应分别计入住宅用地和配套设施用地。

此外，生活圈居住区范围内通常会涉及不计入居住区用地的其他用地。主要包括：企事业单位用地、城市快速路和高速路及防护绿带用地、城市级公园绿地及城市广场用地、城市级公共服务设施及市政设施用地等，这些不直接为本居住区生活服务的各项用地，都不应计入居住区用地。生活圈居住区用地范围划定规则如图 9.4、图 9.5 所示。

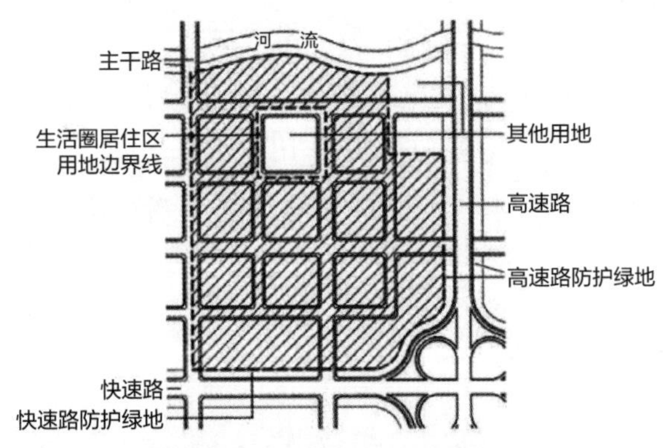

图 9.4　生活圈居住区用地范围划定规则示意

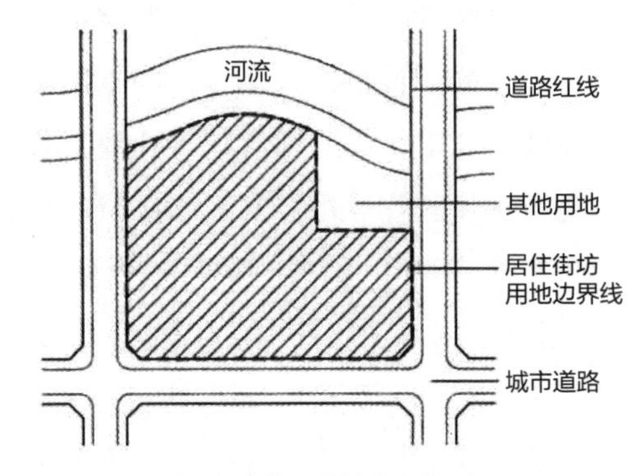

图 9.5　居住街坊范围划定规则示意

2. 居住街坊内绿地的计算规则

居住街坊内绿地面积的计算方法应符合下列规定。

（1）通常满足当地植树绿化覆土要求，方便居民出入的地下或半地下建筑的屋顶绿地应计入绿地，不应包括其他屋顶、晒台的人工绿地。绿地面积计算方法应符合所在城市绿地管理的有关规定。

（2）当绿地边界与城市道路临接时，应算至道路红线；当与居住街坊附属道路临接时，应算至路面边缘；当与建筑物临接时，应算至距房屋墙脚 1.0m 处；当与围墙、院墙临接时，应算至墙脚。

（3）当集中绿地与城市道路临接时，应算至道路红线；当与居住街坊附属道路临接时，应算至距路面边缘 1.0m 处；当与建筑物临接时，应算至距房屋墙脚 1.5m 处。

居住街坊内绿地及集中绿地的计算规则如图 9.6 所示。

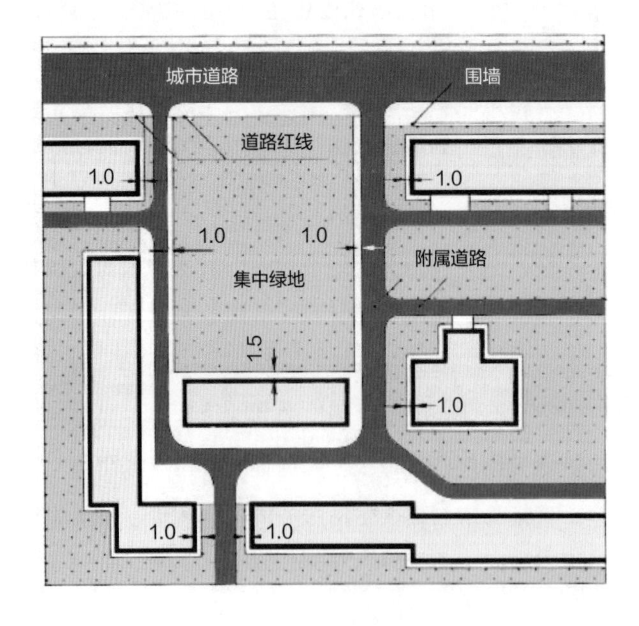

图 9.6　居住街坊内绿地及集中绿地的计算规则（单位：m）

9.2 技术经济指标

9.2.1 综合技术经济指标

《城市居住区规划设计标准》GB 50180—2018 列出综合技术经济指标系列一览表，规划设计时可以用数量表明居住区的用地状况；审核各项用地分配比例是否科学合理；进行方案比较，检验规划设计方案用地分配的经济性和合理性；评价居住区的环境质量，是方案评定和管理机构审批居住区规划设计方案的重要依据。

居住区用地包括住宅用地、配套设施用地、公共绿地和城市道路用地四项，它们之间存在一定的比例关系，主要反映土地使用的合理性与经济性，它们之间的比例系及每人平均用地水平，是必要的基本指标，详见表 9.1。

表 9.1　居住区综合技术经济指标

<table>
<tr><th colspan="4">项目</th><th>计量单位</th><th>数值</th><th>所占比例 / %</th><th>人均面积指标 /(m^2/ 人)</th></tr>
<tr><td rowspan="8">各级生活圈居住区指标</td><td rowspan="5">居住区用地</td><td colspan="2">总用地面积</td><td>hm^2</td><td>▲</td><td>100</td><td>▲</td></tr>
<tr><td rowspan="4">其中</td><td>住宅用地</td><td>hm^2</td><td>▲</td><td>▲</td><td>▲</td></tr>
<tr><td>配套设施用地</td><td>hm^2</td><td>▲</td><td>▲</td><td>▲</td></tr>
<tr><td>公共绿地</td><td>hm^2</td><td>▲</td><td>▲</td><td>▲</td></tr>
<tr><td>城市道路用地</td><td>hm^2</td><td>▲</td><td>▲</td><td>—</td></tr>
<tr><td colspan="3">居住总人口</td><td>人</td><td>▲</td><td>—</td><td>—</td></tr>
<tr><td colspan="3">居住总套(户)数</td><td>套</td><td>▲</td><td>—</td><td>—</td></tr>
<tr><td colspan="3">住宅建筑总面积</td><td>10^4m^2</td><td>▲</td><td>—</td><td>—</td></tr>
<tr><td rowspan="18">居住街坊指标</td><td colspan="3">用地面积</td><td>hm^2</td><td>▲</td><td>—</td><td>▲</td></tr>
<tr><td colspan="3">容积率</td><td>—</td><td>▲</td><td>—</td><td>—</td></tr>
<tr><td rowspan="3">地上建筑面积</td><td colspan="2">总建筑面积</td><td>10^4m^2</td><td>▲</td><td>100</td><td>—</td></tr>
<tr><td rowspan="2">其中</td><td>住宅建筑</td><td>10^4m^2</td><td>▲</td><td>▲</td><td>—</td></tr>
<tr><td>便民服务设施</td><td>10^4m^2</td><td>▲</td><td>▲</td><td>—</td></tr>
<tr><td colspan="3">地下总建筑面积</td><td>10^4m^2</td><td>▲</td><td>▲</td><td>—</td></tr>
<tr><td colspan="3">绿地率</td><td>%</td><td>▲</td><td>—</td><td>—</td></tr>
<tr><td colspan="3">集中绿地面积</td><td>m^2</td><td>▲</td><td>—</td><td>▲</td></tr>
<tr><td colspan="3">住宅套(户)数</td><td>套</td><td>▲</td><td>—</td><td>—</td></tr>
<tr><td colspan="3">住宅套均面积</td><td>m^2/ 套</td><td>▲</td><td>—</td><td>—</td></tr>
<tr><td colspan="3">居住人数</td><td>人</td><td>▲</td><td>—</td><td>—</td></tr>
<tr><td colspan="3">住宅建筑密度</td><td>%</td><td>▲</td><td>—</td><td>—</td></tr>
<tr><td colspan="3">住宅建筑平均层数</td><td>层</td><td>▲</td><td>—</td><td>—</td></tr>
<tr><td colspan="3">住宅建筑高度控制最大值</td><td>m</td><td>▲</td><td>—</td><td>—</td></tr>
<tr><td rowspan="3">停车位</td><td colspan="2">总停车位</td><td>辆</td><td>▲</td><td>—</td><td>—</td></tr>
<tr><td rowspan="2">其中</td><td>地上停车位</td><td>辆</td><td>▲</td><td>—</td><td>—</td></tr>
<tr><td>地下停车位</td><td>辆</td><td>▲</td><td>—</td><td>—</td></tr>
<tr><td colspan="3">地面停车位</td><td>辆</td><td>▲</td><td>—</td><td>—</td></tr>
</table>

注：▲为必列指标。

9.2.2 居住区控制指标

1. 各级生活圈居住区用地控制指标

人均居住区用地面积、居住区用地容积率以及居住区用地构成之间彼此关联，并且与建筑气候区划分以及住宅建筑平均层数紧密相关。表 9.2～表 9.4 将居住区用地的相关控制要素统一在相应的生活圈中，实际使用中应根据生活圈居住区的规模，对应使用控制指标表格。

表 9.2　15 分钟生活圈居住区用地控制指标

建筑气候区划	住宅建筑平均层数类别	人均居住区用地面积 /（m²/ 人）	居住区用地容积率	居住区用地构成 / %				
				住宅用地	配套设施用地	公共绿地	城市道路用地	合计
Ⅰ、Ⅶ	多层Ⅰ类（4～6 层）	40～54	0.8～1.0	58～61	12～16	7～11	15～20	100
Ⅱ、Ⅵ		38～51	0.8～1.0					
Ⅲ、Ⅳ、Ⅴ		37～48	0.9～1.1					
Ⅰ、Ⅶ	多层Ⅱ类（7～9 层）	35～42	1.0～1.1	52～58	13～20	9～13	15～20	100
Ⅱ、Ⅵ		33～41	1.0～1.2					
Ⅲ、Ⅳ、Ⅴ		31～39	1.1～1.3					
Ⅰ、Ⅶ	高层Ⅰ类（10～18 层）	28～38	1.1～1.4	48～52	16～23	11～16	15～20	100
Ⅱ、Ⅵ		27～36	1.2～1.4					
Ⅲ、Ⅳ、Ⅴ		26～34	1.2～1.5					

注：居住区用地容积率是生活圈内，住宅建筑及其配套设施地上建筑面积之和与居住区用地总面积的比值。

表 9.3　10 分钟生活圈居住区用地控制指标

建筑气候区划	住宅建筑平均层数类别	人均居住区用地面积 /（m²/ 人）	居住区用地容积率	居住区用地构成 / %				
				住宅用地	配套设施用地	公共绿地	城市道路用地	合计
Ⅰ、Ⅶ	低层（1～3 层）	49～51	0.8～0.9	71～73	5～8	4～5	15～20	100
Ⅱ、Ⅵ		45～51	0.8～0.9					
Ⅲ、Ⅳ、Ⅴ		42～51	0.8～0.9					
Ⅰ、Ⅶ	多层Ⅰ类（4～6 层）	35～47	0.8～1.1	68～70	8～9	4～6	15～20	100
Ⅱ、Ⅵ		33～44	0.9～1.1					
Ⅲ、Ⅳ、Ⅴ		32～41	0.9～1.2					
Ⅰ、Ⅶ	多层Ⅱ类（7～9 层）	30～35	1.1～1.2	64～67	9～12	6～8	15～20	100
Ⅱ、Ⅵ		28～33	1.2～1.3					
Ⅲ、Ⅳ、Ⅴ		26～32	1.2～1.4					
Ⅰ、Ⅶ	高层Ⅰ类（10～18 层）	23～31	1.2～1.6	60～64	12～14	7～10	15～20	100
Ⅱ、Ⅵ		22～28	1.3～1.7					
Ⅲ、Ⅳ、Ⅴ		21～27	1.4～1.8					

注：居住区用地容积率是生活圈内，住宅建筑及其配套设施地上建筑面积之和与居住区用地总面积的比值。

表9.4 5分钟生活圈居住区用地控制指标

建筑气候区划	住宅建筑平均层数类别	人均居住区用地面积/（m^2/人）	居住区用地容积率	居住区用地构成/%				
				住宅用地	配套设施用地	公共绿地	城市道路用地	合计
Ⅰ、Ⅶ	低层（1～3层）	46～47	0.7～0.8	76～77	3～4	2～3	15～20	100
Ⅱ、Ⅵ		43～47	0.8～0.9					
Ⅲ、Ⅳ、Ⅴ		39～47	0.8～0.9					
Ⅰ、Ⅶ	多层Ⅰ类（4～6层）	32～43	0.8～1.1	74～76	4～5	2～3	15～20	100
Ⅱ、Ⅵ		31～40	0.9～1.2					
Ⅲ、Ⅳ、Ⅴ		29～37	1.0～1.2					
Ⅰ、Ⅶ	多层Ⅱ类（7～9层）	28～31	1.2～1.3	72～74	5～6	3～4	15～20	100
Ⅱ、Ⅵ		25～29	1.2～1.4					
Ⅲ、Ⅳ、Ⅴ		23～28	1.3～1.6					
Ⅰ、Ⅶ	高层Ⅰ类（10～18层）	20～27	1.4～1.8	69～72	6～8	4～5	15～20	100
Ⅱ、Ⅵ		19～25	1.5～1.9					
Ⅲ、Ⅳ、Ⅴ		18～23	1.6～2.0					

注：居住区用地容积率是生活圈内，住宅建筑及其配套设施地上建筑面积之和与居住区用地总面积的比值。

住宅建筑平均层数类别的划分，对接了现行国家标准《建筑设计防火规范》GB 50016—2014 和《建筑抗震设计规范》GB 50011—2010。通常空间尺度范围越大，现实中全部建设低层住宅建筑或全部建设高层住宅建筑的情况就越少。因此。15 分钟生活圈居住区没有纳入低层和高层Ⅱ类的住宅建筑平均层数类别；10 分钟生活圈居住区和 5 分钟生活圈居住区则没有纳入高层Ⅱ类的住宅建筑平均层数类别。

各级生活圈居住区用地容积率是生活圈居住区用地内，住宅建筑及其配套设施地上建筑面积之和与居住区用地总面积的比值。需要注意的是，生活圈用地和生活圈居住区用地的区别。前者可能包含与居住功能无关的用地，应注意避免误用。

建筑气候区划决定了同等日照标准条件下，当容积率相同时，高纬度地区住宅建筑间距会大于低纬度地区的，注意避免误用。所以三个生活圈居住区的人均居住区用地面积及用地构成比例有以下特征。

（1）住宅用地的比例，以及人均居住区用地控制指标在高纬度地区偏向指标区间的高值，配套设施用地和公共绿地的比例偏向指标的低值，低纬度地区则正好相反。

（2）城市道路用地的比例只和居住区在城市中的区位有关，靠近城市中心的地区，道路用地控制指标偏向高值。

2. 居住街坊用地与建筑控制指标

居住街坊（用地规模 2～4hm^2）是实际住宅建设开发项目中最常见的开发规模，而容积率、人均住宅用地、建筑密度、绿地率及住宅建筑高度控制指标是密切关联的。表 9.5 针对不同建筑气候区划、不同的土地开发强度，即居住街坊住宅用地容积率所对应的人均住宅用地面积、建筑密度及住宅建筑控制高度进行了规定，居住街坊用地与建筑控制指标应符合表 9.5 的规定。

近年来我国高层高密度的居住区层出不穷，百米高的住宅建筑也日渐增多，对城市风貌影响极大；同时，过多的高层住宅，给城市消防、城市交通、市政设施、应急疏散、配套设施等都带来了巨大的压力和挑战。《中共中央国务院关于进一步加强城市规划建设管理工作的若干意见》针对营造城市宜居环境提出了“进一步提高城市人均公园绿地面积和城市建成区绿地率，改变城市建设中过分追求高强度开发、高密度建设、大面积硬化的状况，让城市更自然、更生态、更有特色”。GB 50180—2018 对居住区的开发强度提出了限制要求。 不鼓励高强度开发居住用地及大面积建设高层住宅建筑，并对容积率、住宅建筑控制高度提出了较为适宜的控制范围。在相同的容积率控制条件下，对住宅建筑控制高度最大值进行了控制，既能避免住宅建筑群比例失态的“高低配”现象出现，又能为合理设置高低错落的住宅建筑群留出空的绿地空间。高层住宅建筑形成的居住街坊由于建筑密度低，应设置更多的绿地空间。

表 9.5 居住街坊用地与建筑控制指标

建筑气候区划	住宅建筑平均层数类别	住宅用地容积率	建筑密度最大值 / %	绿地率最小值 / %	住宅建筑高度控制最大值 / m	人均住宅用地面积最大值 / （m^2/ 人）
Ⅰ、Ⅶ	低层（1～3 层）	1.0	35	30	18	36
	多层Ⅰ类（4～6 层）	1.1～1.4	28	30	27	32
	多层Ⅱ类（7～9 层）	1.5～1.7	25	30	36	22
	高层Ⅰ类（10～18 层）	1.8～2.4	20	35	54	19
	高层Ⅱ类（19～26 层）	2.5～2.8	20	35	80	13
Ⅱ、Ⅵ	低层（1～3 层）	1.0～1.1	40	28	18	36
	多层Ⅰ类（4～6 层）	1.2～1.5	30	30	27	30
	多层Ⅱ类（7～9 层）	1.6～1.9	28	30	36	21
	高层Ⅰ类（10～18 层）	2.0～2.6	20	35	54	17
	高层Ⅱ类（19～26 层）	2.7～2.9	20	35	80	13
Ⅲ、Ⅳ、Ⅴ	低层（1～3 层）	1.0～1.2	43	25	18	36
	多层Ⅰ类（4～6 层）	1.3～1.6	32	30	27	27
	多层Ⅱ类（7～9 层）	1.7～2.1	30	30	36	20
	高层Ⅰ类（10～18 层）	2.2～2.8	22	35	54	16
	高层Ⅱ类（19～26 层）	2.9～3.1	22	35	80	12

注：1. 住宅用地容积率是居住街坊内，住宅建筑及其便民服务设施地上建筑面积之和与住宅用地总面积的比值；
2. 建筑密度是居住街坊内，住宅建筑及其便民服务设施建筑基底面积与该居住街坊用地面积的比率（%）；
3. 绿地率是居住街坊内绿地面积之和与该居住街坊用地面积的比率（%）。

3. 低层或多层高密度居住街坊用地与建筑控制指标

在城市旧区改建等情况下，建筑高度受到严格控制，居住区可采用低层高密度或多层高密度的布局方式，结合气候区分布，其绿地率可酌情降低，建筑密度可适当提高。当住宅建筑采取低层和多层高密度布局形式时，低层或多层高密度居住街坊用地与建筑控制指标应符合表9.6的规定。

表9.6 低层或多层高密度居住街坊用地与建筑控制指标

建筑气候区划	住宅建筑平均层数类别	住宅用地容积率	建筑密度最大值/%	绿地率最小值/%	住宅建筑高度控制最大值/m	人均住宅用地面积最大值/（m²/人）
Ⅰ、Ⅶ	低层（1～3层）	1.0、1.1	42	25	11	32～36
	多层Ⅰ类（4～6层）	1.4、1.5	32	28	20	24～26
Ⅱ、Ⅵ	低层（1～3层）	1.1、1.2	47	23	11	30～32
	多层Ⅰ类（4～6层）	1.5～1.7	38	28	20	21～24
Ⅲ、Ⅳ、Ⅴ	低层（1～3层）	1.2、1.3	50	20	11	27～30
	多层Ⅰ类（4～6层）	1.6～1.8	42	25	20	20～22

注：1. 住宅用地容积率是居住街坊内，住宅建筑及其便民服务设施地上建筑面积之和与住宅用地总面积的比值；
2. 建筑密度是居住街坊内，住宅建筑及其便民服务设施建筑基底面积与该居住街坊用地面积的比率（%）；
3. 绿地率是居住街坊内绿地面积之和与该居住街坊用地面积的比率（%）。

居住街坊用地与建筑控制指标和当住宅建筑采用低层或多层高密度布局形式时的居住街坊用地与建筑控制指标，在实际应用中，可按照居住街坊所在建筑气候区划，根据规划设计（如城市设计）希望达到的整体空间高度（即住宅建筑平均层数类别）及基本形态（即是否低层或多层高密度布局），来选择相应的住宅用地容积率及建筑密度、绿地率等控制指标。另外，由于每个指标区间涉及层数和气候区划，通常层数越高或者气候区越靠南，容积率就越高，因此在实际应用中，应根据具体情况选择区间内的适宜指标。

各级生活圈居住区用地控制指标及居住街坊用地与建筑控制指标均按小康社会城镇人均住房建筑面积35m²的标准进行计算。人均住房建筑面积应达到舒适标准，但也并非越大越好，以适应我国人多地少的国情，许多发达国家人均住房建筑面积基本在30～40m²。

4. 公共绿地控制指标

为落实《中共中央国务院关于进一步加强城市规划建设管理工作的若干意见》提出的“合理规划建设广场、公园 、步行道等公共活动空间，方便居民文体活动，促进居民交流。强化绿地服务居民日常活动的功能，使市民在居家附近能够见到绿地、亲近绿地”的精神，各级生活圈居住区公共绿地控制指标应符合表9.7的规定。15分钟生活圈居住区按2m²/人设置公共绿地（不含10分钟生活圈居住区及以下级公共绿地指标）、10分钟生活圈居住区按1m²/人设置公共绿地（不含5分钟生活圈居住区及以下级公共绿地指标）、5分钟生活圈居住区按1m²/人设置公共绿地（不含居住街坊绿地指标）。对集中设置的公园绿地规模提出控制要求，以利于形成点、线、面结合的城市绿地系统。同时能够发挥更好的生态效应，有利于设置体育活动场地，为居民提供休憩、运动、交往的公共空间。同时体育设施与该类公园绿地的结合较好地体现了土地混合、集约利用的发展要求。

表9.7　公共绿地控制指标

类别	人均公共绿地面积/（m^2/人）	居住区公园		备　注
		最小规模/hm^2	最小宽度/m	
15分钟生活圈居住区	2.0	5.0	80	不含10分钟生活圈及以下级居住区的公共绿地指标
10分钟生活圈居住区	1.0	1.0	50	不含5分钟生活圈及以下级居住区的公共绿地指标
5分钟生活圈居住区	1.0	0.4	30	不含居住街坊的公共绿地指标

注：居住区公园中应设置10%～15%的体育活动场地。

当旧区改建确实无法满足表9.7的规定时，可采取多点分布以及立体绿化等方式改善居住环境，但人均公共绿地面积不应低于相应控制指标的70%。

居住街坊内集中绿地的规划建设，新区建设不应低于0.5m^2/人，旧区改建不应低于0.35m^2/人；宽度不应小于8m；在标准的建筑日照阴影线范围之外的绿地面积不应少于1/3，其中应设置老年人、儿童活动场地。

特别提示

由于各城市的规模、经济发展水平和用地紧张状况不同，致使城市居住区各项用地指标也不一样。

如大城市和一些经济发展水平较高的中小城市要求居住区配套设施的标准较高，该项占地的比例相应就高一些；某些中小城市用地条件较好，居住区公共绿地的指标也相应高一些等。

此外，同一城市中也因居住区所处区位和内、外环境条件、居住区建设标准的不同，各项用地比例存在一定差距。

9.3 指标解释及计算方法

（1）容积率也称建筑面积毛密度，是每公顷居住区用地上拥有的各类建筑的建筑面积（$10^4m^2/hm^2$）或以居住区总建筑面积（10^4m^2）与居住区用地（10^4m^2）的比值。在规划用地范围内，按照规划条件要求，所布置建筑物的容量（总建筑面积）容积率与布置的建筑物间距层数有关，在相同容积率要求下，其层数越高，建筑密度越低。

$$容积率=\frac{总建筑面积}{总用地面积}$$

（2）建筑密度：居住区用地内，各类建筑的基底总面积与居住区用地面积的比率（%）。在规划用地范围内，各类建筑的数量，按照总体规划地形、气候、防火等条件的要求，其建筑密度与房屋的间距、建筑层数、层高、建筑布置形式等有关。

（3）绿地率：居住区用地范围内各类绿地面积的总和占居住区用地面积的比率（%）。

（4）住宅建筑平均层数：一定用地范围内，住宅建筑总面积与住宅建筑基底总面积的比值所得的层数。在规划中反映低层、多层、高层、超高层所占的比例情况。

$$住宅建筑平均层数=\frac{住宅建筑总面积}{住宅建筑基地总面积}$$

（5）住宅建筑密度：居住区用地内，住宅建筑的基底总面积与居住区用地面积的比率（%）。在规划用地范围内，按照总体规划地形、气候、防火等条件的要求，其住宅建筑密度与房屋的间距、建筑层数、层高、建筑布置形式等有关。

$$住宅建筑密度=\frac{住宅建筑基地总面积}{居住区用地面积}$$

（6）住宅建筑高度控制最大值。

住宅建筑高度最大值的计算规定（图9.7）如下。

① 建筑屋面为坡屋面时，建筑高度应为建筑室外设计地面至其檐口与屋脊的平均高度。

② 建筑屋面为平屋面（包括有女儿墙的平屋面）时，建筑高度应为建筑室外设计地面至其屋面面层的高度。

③ 同一座建筑有多种形式的屋面时，建筑高度应按上述方法分别计算后，取其中最大值。

④ 对于台阶式地坪，当位于不同高程地坪上的同一建筑之间有防火墙分隔，各自有符合规范规定的安全出口，且可沿建筑的两个长边设置贯通式或尽头式消防车道时，可分别计算各自的建筑高度。否则，应按其中建筑高度最大者确定该建筑的建筑高度。

⑤ 局部突出屋顶的瞭望塔、冷却塔、水箱间、微波天线间或设施、电梯机房、排风和排烟机房，以及楼梯出口小间等辅助用房占屋面面积不大于1/4者，可不计入建筑高度。

⑥ 对于住宅建筑，设置在底部且室内高度不大于2.2m的自行车库、储藏室、敞开空间，室内外高差或建筑的地下或半地下室的顶板面高出室外设计地面的高度不大于1.5m的部分，可不计入建筑高度。

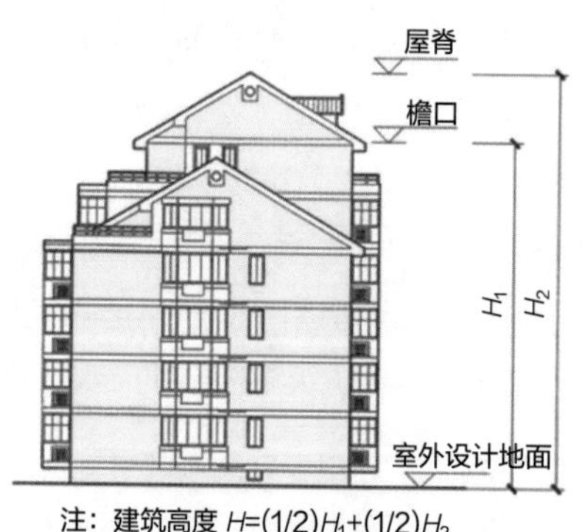

注：建筑高度 $H=(1/2)H_1+(1/2)H_2$

（a）坡屋面建筑剖面

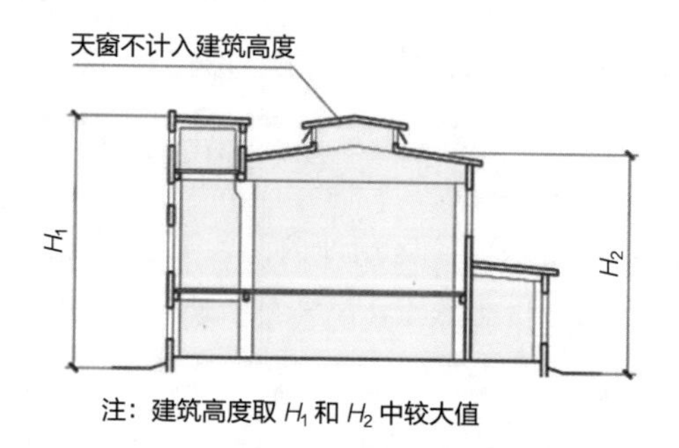

注：建筑高度取 H_1 和 H_2 中较大值

（b）多种形式屋面建筑剖面

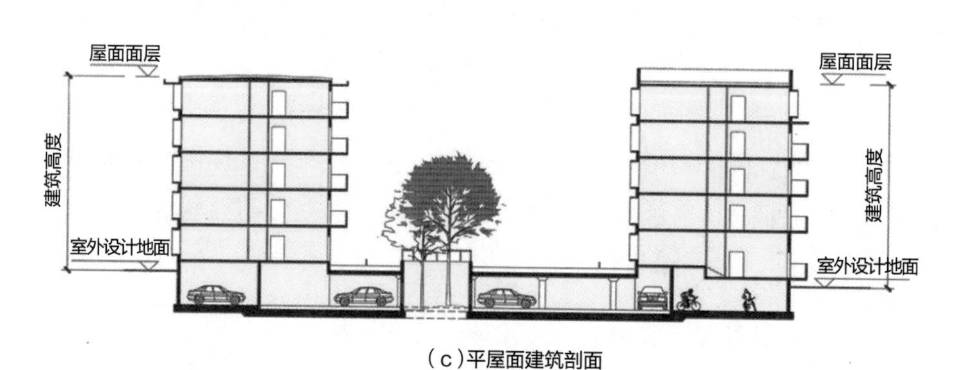

（c）平屋面建筑剖面

图 9.7　建筑高度最大值

（7）地面停车率：居民汽车的地面停车位数量与居住户数的比率（%）。

停车场车位数的确定以小型汽车为标准当量表示，其他各型车辆的停车位应按表 9.8 相应的换算系数折算。

表 9.8　各型车辆的停车位换算系数

车型	微型车	小型车	轻型车	中型车	大型车
换算系数	0.7	1.0	1.5	2.0	2.5

特别提示

为了可比及数值的一定精度，除户、套和人口数及其对应的密度数值外，其余数值均采用小数点后两位。如果指标不符合要求，需要回头调整设计，也许，一个新的方案又产生了……

居住区技术经济指标分析应该还包括造价指标分析，但是由于建筑费用各地标准水平不一，国家无统一的规定，又受到市场的影响，经常会发生波动，所以这里不做详细阐述。

模块小结

本模块对综合技术经济指标进行较详细的阐述，具体内容包括：用地面积计算方法、技术经济指标和指标计算方法等。

本模块教学目标是使学生掌握综合技术经济指标的内容、计算方法，最终学会用指标评价规划设计方案的合理与否。

综合实训

利用综合技术经济指标对前面构思的规划设计方案进行技术及经济分析、计算、比较和评价，若有指标不符合控制指标的要求，需要重新调整设计，调整后再次进行技术及经济分析、计算、比较和评价，直到综合指标全部符合控制指标要求为止。

模块 10

居住区规划成果绘制与表达

教学目标

规划方案定稿后，学生在学习其他计算机技能和规划表现技能的基础上，通过居住区规划成果绘制、表达方法和工作流程的学习，能从事居住区规划最终成果的制作和完善工作。

教学要求

能力目标	知识要点	权 重	自测分数
居住区总平面图的成果制作	总平面图的绘制和表达	40%	
居住区分析图的成果制作	分析图的绘制方法	20%	
居住区户型图的成果制作	户型图的表现方法	10%	
居住区效果图的绘制	效果图的绘制原则	20%	
居住区规划设计说明书的写法	规划设计说明书的表达	10%	

模块导读

人类很早就学会了通过语言进行交流，表达思想。语言本身作为交流的工具以其推理性、逻辑性、符号性被人们熟练地用来传达情感。而图形、图像以其直接经验的丰富性和直观性在设计行业中也具有等同于语言的不可替代的重要地位。

规划成果的绘制与表达是设计师表现自己的设计思想，与其他人进行沟通与交流的重要手段，一般通过二维的平面图和各类分析图、三维的效果图、文字说明作为载体呈现，设计的表达方法有手工绘制或计算机辅助绘制。计算机辅助绘图是利用绘图软件按照精确的比例绘制设计图，计算机辅助绘图具有手工绘图不可替代的优点，如画面整洁、清爽，且修改方便，计算机绘制的效果图能准确无误地真实反映空间及材料的质感，达到“以假乱真”的效果，从而可以满足不同水平的客户的要求，如图 10.1、图 10.2 所示。近十年计算机辅助绘图的普及弥显手绘表现的可贵，手绘所表现的文化内涵、情趣、气氛具有浓郁的艺术气息，在日渐激烈的方案竞标中，与计算机辅助绘图相比起到重要作用，如图 10.3、图 10.4 所示。这两种表现手法都是设计技术人员必须具备的技能。

总平面图 1

图 10.1　杭州桥西 D-28 地块机绘总平面图

图 10.2　深圳万科 17 英里机绘沿水透视图

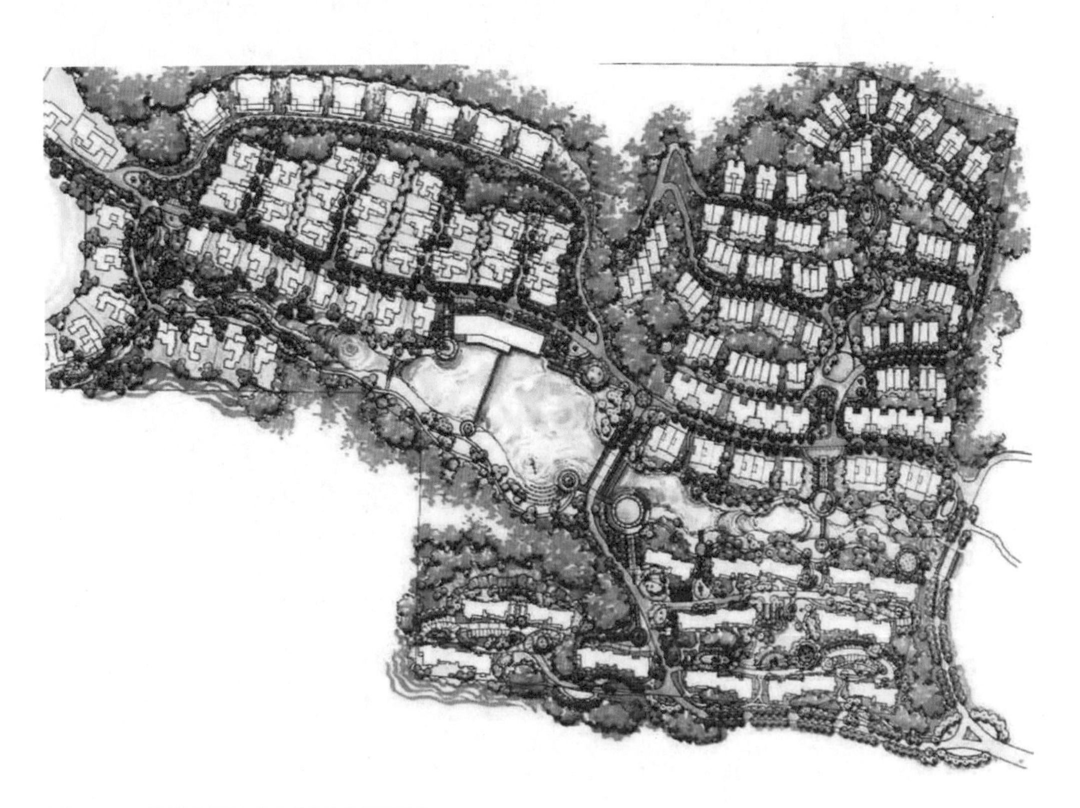

图 10.3　杭州良渚文化村手绘总平面图

图10.4 广东某居住区手绘鸟瞰表现图

【引例】某居住区规划设计成果要求如下。

(1)居住区规划总平面图(1:1000)。

(2)规划结构分析图、道路交通分析图、绿化景观系统分析图以及其他能说明设计构思的分析图(1:2000)。

(3)住宅户型平面图(1:50)。

(4)居住区效果图若干(鸟瞰图和局部景观表现图)。

(5)规划说明与技术经济指标。

请思考居住区规划设计成果如何绘制及表达?

方案确立后,下一步的任务是通过计算机辅助设计或手绘对设计方案进行表现。一套完整的居住区规划设计成果一般包括规划总平面图、分析图(包括区位分析图、规划结构分析图、道路交通分析图、绿化景观系统分析图、竖向设计分析图、日照分析图、生态节能分析图以及其他能说明设计构思的分析图)、管线综合规划图、住宅户型平面图、建筑单体设计图(住宅单元、公共建筑等配套建筑的平立剖面图,地下室建筑平、剖面图)、小区规划鸟瞰图和局部景观透视图、规划说明与技术经济指标等。

由于篇幅所限,本模块仅介绍引例中要求的设计成果(也是比较重要的设计成果)的绘制与表达。

10.1 居住区总平面图的绘制与表达

【引例】在前面所讲的居住区规划设计方案构思和逐步完善阶段,设计师一般采用徒手草图的方式来表达自己的构思想法,当方案基本成型并需完整地表现时,就需要计算机来辅助设计。利用计算机辅助设计，可以避免一般手绘常遇到的麻烦，如比例、尺寸失调，准确性差等。

一般情况下，在绘制彩色总平面图之前，需要用 CAD 绘制出详细的总平面图。那么，如何规范、完整地绘制总平面图的图示内容，并正确快速地绘制彩色总平面图呢？本节，我们将以图 10.5 所示总平面图为例，向大家讲解居住区总平面图的绘制方法与表达方式。

10.1.1 居住区总平面图的图示内容

1. 总平面图的图示内容

规划总平面图是反映新建建筑物的平面形状、位置、朝向、相互关系和周围地形、地物总体情况的图纸，它是在有等高线或加上坐标方格网的地形图上所作的水平投影图（图 10.5）。具体内容如下。

（1）图例与名称。居住区总平面图一般采用 1∶500～1∶2000 的比例绘制。

总平面图 2

（2）建设用地边界线、道路红线、建筑红线的位置，新建建筑物、道路与红线的关系。

（3）基地的地形情况。当地形起伏较大时，应画出地形等高线。

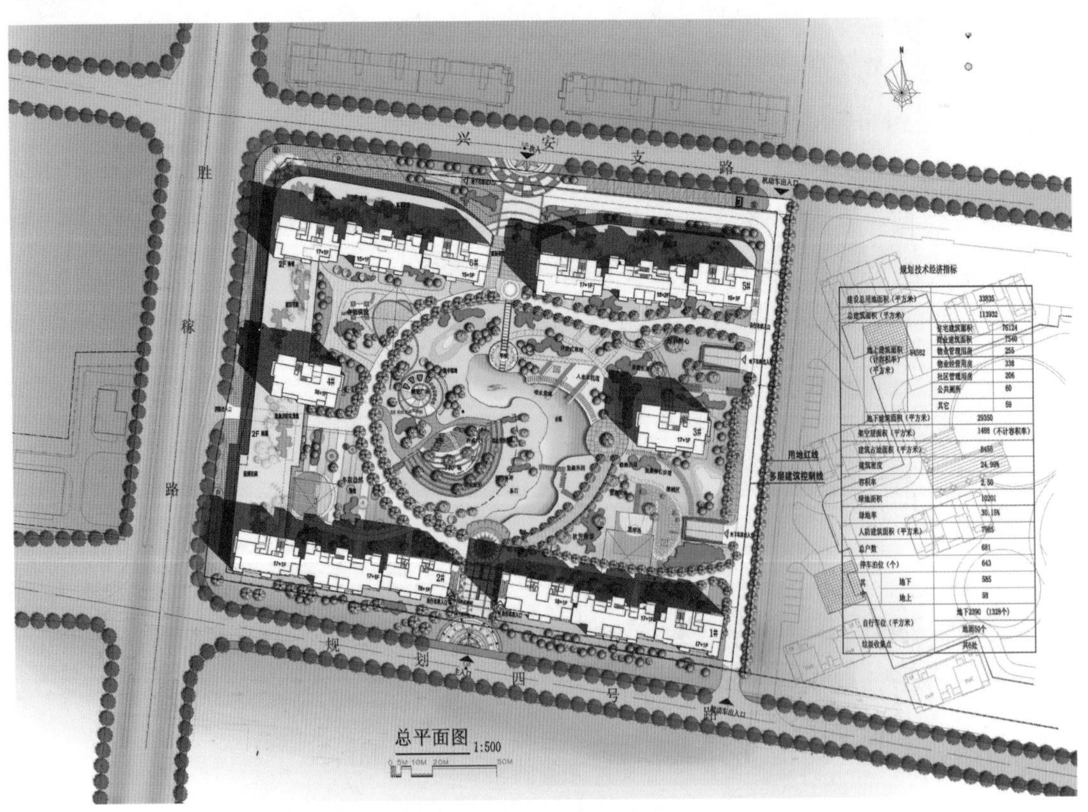

图 10.5 杭州九堡圣奥 · 领寓居住区总平面图（CAD+PS 绘制）

（4）新建建筑物的屋顶平面、名称、层数、室内外地面标高。

（5）新建建筑物的位置，总平面图中应详细绘出其定位方式。新建建筑物的定位方式有以下三种。

① 利用新建建筑物和原有建筑物之间的距离定位。

② 利用施工坐标确定新建建筑物的位置。

③ 利用新建建筑物与周围道路之间的距离确定新建建筑物的位置。根据坐标确定建筑物和道路的位置，是新建区域为了保证在复杂的地形中放线准确而常用的一种方法。坐标定位又分为测量坐标定位和施工坐标定位，如图 10.6 所示。注意两种不同坐标的表示方法。

（a）测量坐标图例

A100.00
B250.00

（b）施工坐标图例

图 10.6　两种坐标图例

特别提示

测量坐标定位和施工坐标定位的区别如下。

1. 测量坐标定位

国土管理部门给建设单位提供的红线图是在地形图上用细线画成交叉十字线的坐标网，南北方向的轴线用 X 表示，东西方向的轴线用 Y 表示，这样的坐标称为测量坐标。坐标网常采用 100m × 100m 或 50m × 50m 的方格网。一般建筑物用两个墙角的坐标定位。

2. 施工坐标定位

施工坐标定位和测量坐标定位相似，只是坐标网（系）是建设单位或设计单位假定的坐标网（系），一般情况下南北方向的轴线用 A 表示，东西方向的轴线用 B 表示，同样用建筑物的两个墙角的坐标定位。

（6）新建道路、绿化规划布置。应注明主要道路的中心线、道路转弯半径、停车位（地面和地下车库的轮廓）、室外广场等。绿化部分应区别乔木、灌木、草地、花卉以及铺地的基本形式等。

（7）居住区有高层建筑时还应表示出消防等高场地。

（8）原有房屋（基地内或周边）的屋顶平面、名称、层数以及与新建建筑的关系；原有道路、绿化情况。

（9）周围其他的地形、地貌等，如道路、河流、水沟、池塘、土坡等。

（10）标高。应注明新建房屋底层地面和室外地平地面的绝对标高。

（11）建筑面积及技术经济指标。主要技术经济指标一般以表格的形式体现在总图上。

（12）指北针或风向频率玫瑰图。

2. 总平面图的图示规定和方法

（1）总平面图是用正投影的原理绘制的，图形主要是以图例的形式表示，总平面图的图例采用《总图制图标准》GB/T 50103—2001 规定的图例，画图时应严格执行该图例符号，如图中采用的图例不是标准中的图例，应在总平面图下面说明。

（2）总平面图中的坐标、标高、距离以 m 为单位，并至少取到小数点后两位，不足时以“0”补齐。

（3）总平面图应按上北下南方向绘制，因场地需要可向左或向右偏转，但不宜超过 45°。

（4）在同一张图上，如坐标数字的位数太多时，可将前面相同的位数省略，其省略位数在附注中加以说明。

（5）总平面图中标注的标高应为绝对标高，如标注相对标高，应注明相对标高与绝对标高的换算关系。标高符号应按《房屋建筑制图统一标准》GB/T 50001—2017 中“标高”的有关规定标注。

（6）总平面图上的建筑物、构筑物应注写名称，且直接标注在图上。若无足够位置时，可编号列表编注在图内。

（7）建筑低层架空部分、地下建筑应用虚线表现出其范围。

10.1.2 居住区总平面图的 CAD 绘制与表达

一般情况下，在 CAD 中总平面图绘制步骤由以下 7 步构成。

1. 地形图等相关的处理

首先进行地形图的插入、描绘、整理等，接着插入指北针或风向频率玫瑰图。

2. 控制线绘制

绘制居住区建设用地边界线、道路红线、建筑红线，即通过绘制各个方向的控制线，确定总平面范围轮廓。

3. 建筑总平面绘制

根据前面的住宅建筑户型设计及其组合体设计，勾画出其外圈轮廓造型，在建筑控制线内布置住宅建筑。按照国家相关规范，在满足消防、日照等间距要求的前提下，完成总平面中住宅建筑单体的绘制，然后对建筑总平面中住宅建筑位置进行调整，以取得比较好的总平面布局。

绘制配套商业楼建筑造型轮廓。

绘制其他配套建筑（如会所、垃圾间和门房等）的造型轮廓。

4. 道路、广场等绘制

首先创建居住区各级道路。观察道路效果，对不合适的地方进行调整，完成道路绘制。

创建广场及其铺装以及消防登高场地。

根据地下室的布局情况，在相应的地面位置绘制地下车库入口造型。

创建地面停车位轮廓造型。

5. 各种绿化景观绘制

如果有水景首先创建水景环境景观，接下来按照前面的绿化设计创建不同的景观绿化效果。

6. 文字和尺寸标注

创建居住区入口指示方向标志符号造型。

标注各类建筑的名称、楼层数，以及住宅建筑的楼栋号，根据需要，标注相应位置的有关尺寸。

进行标注图名及其他一些文字、尺寸、标高、坐标等操作。

7. 布图

包括插入图框、调整图面等。

最后完成居住区总平面的 CAD 绘制（图 10.7）。

10.1.3 居住区总平面的彩图绘制与表达

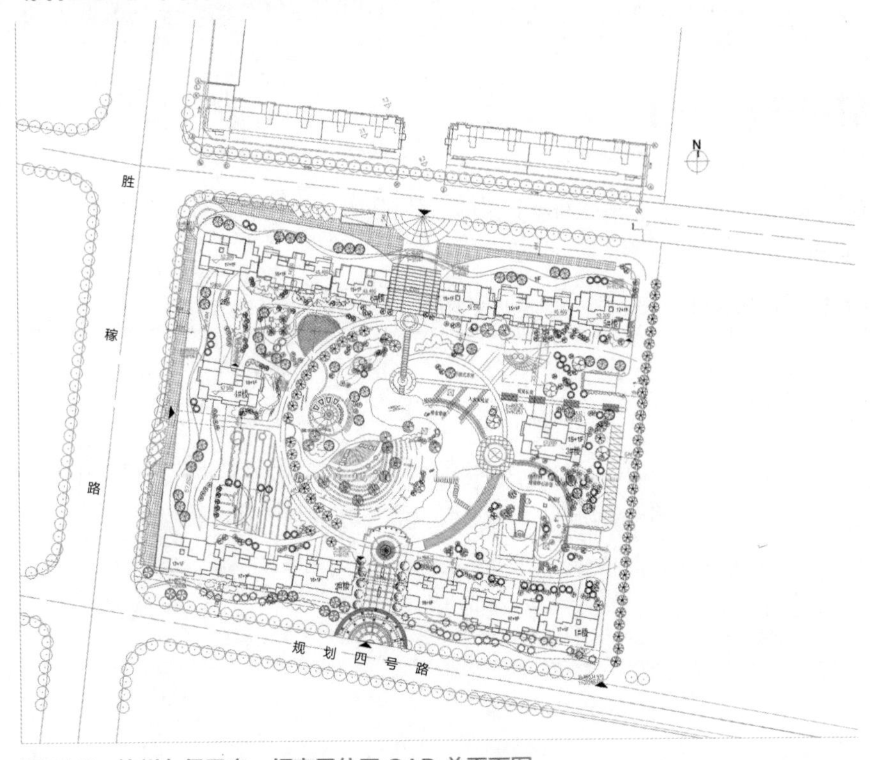

图 10.7 杭州九堡圣奥 · 领寓居住区 CAD 总平面图

完成 CAD 的线框图后接下来进行总平面的彩色效果图绘制。绘制彩色总平面图不是为了简单地追求“漂亮”，而是其视觉形象比单色线框更直观、全面，可以更加便于与他人（甲方、公众）的交流。

绘制彩色总平面图可以采用手绘也可以采用计算机辅助绘制。不论采用何种方法，一般的绘制步骤由以下几步构成。

1. 铺大色调

先铺上一层浅颜色使画面主色调明确，以有助于整体效果的把握。彩色总平面的基调一般通过草地来确定，画草地时切忌概念化地一律画成绿色，应根据画面的色调倾向来调色。

2. 深入刻画

（1）道路和铺装。画地面和铺装时，色彩宜灰不宜纯，层次变化不宜过多，倒影反光不宜多，否则会被误认为是水面。

（2）水系和景观植物。刻画水面的两个基本点是倒影和波纹。有了倒影和波纹，水面就具有了性能反射和起伏变化，整个画面的水就具有了生命力。注意在整幅图的表现中，水面倒影和波纹不宜过多刻画，否则会分散主题。所以，色彩的含蓄、笔触的柔和、模糊是画水的通用手段。刻画景观植物时注意用色不宜过多，一般不超过 3 种颜色，分别来刻画其亮光和阴影。

（3）基础设施和地面小装饰，其细节的刻画要和整体色彩协调。

（4）建筑。建筑的色彩很重要，不要和主体色彩有强烈的对比，由于光照原因一般采用偏黄的浅暖色。

3. 调整画面

最后还应对整个画面的色彩进行调整，在需要的位置加上点缀色彩或加强对比，对主要景物做最后的刻画和塑造，为了再次统一画面，可加强阴影、倒影，使画面更加鲜亮、层次更加分明，以增强立体感。

最后完成居住区总平面的彩色绘制如图 10.8 所示。

特别提示

居住区彩色总平面的绘制方法和步骤并不是单一的，每个人都有自己的绘图习惯，可以完全是手绘或计算机辅助，也可以两者结合起来（图 10.9、图 10.10）。随着计算机技术的应用和人们对手绘技术的重新认识，两者结合绘制彩色总平面的做法越来越普遍。

图 10.8 杭州九堡圣奥 · 领寓居住区彩色总平面（CAD+钢笔淡彩绘制）

图 10.9 手绘和计算机辅助绘制总平面

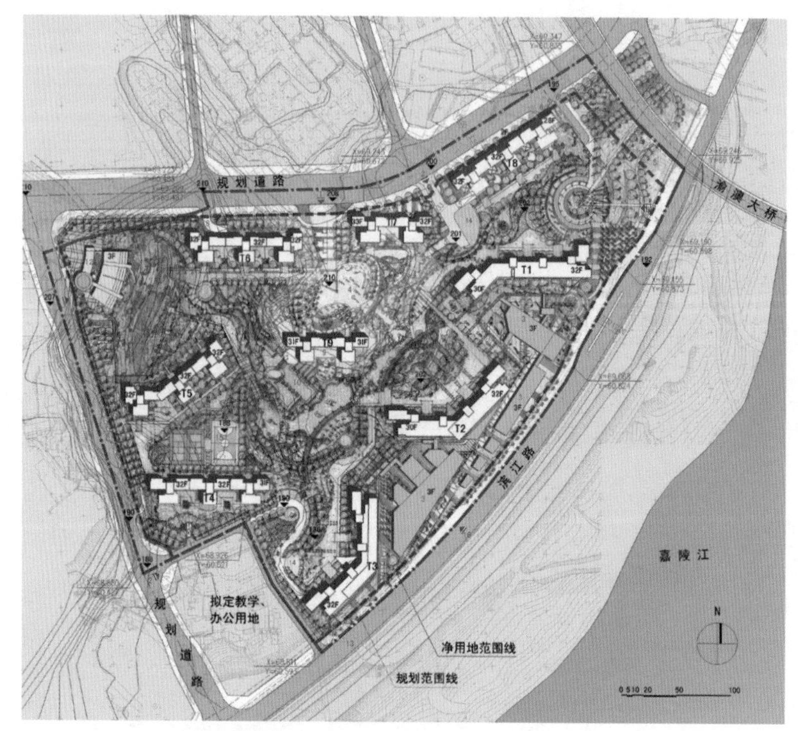

图 10.10　滨江花园手绘和计算机辅助绘制总平面

10.2 居住区分析图的绘制与表达

【引例】分析问题是整个设计实践的起点。分析就是把存在的问题找出来，使设计有针对性而不是盲目的。戈登·贝斯特(Gordon Best)说："实际的设计问题千变万化，多种多样，且各具特征，五花八门多到几乎难以描述，但可以弄懂它们"。设计问题的错综复杂使我们必须对问题进行简化、提炼，而图解分析图正是最适合这种抽象任务的方法之一。

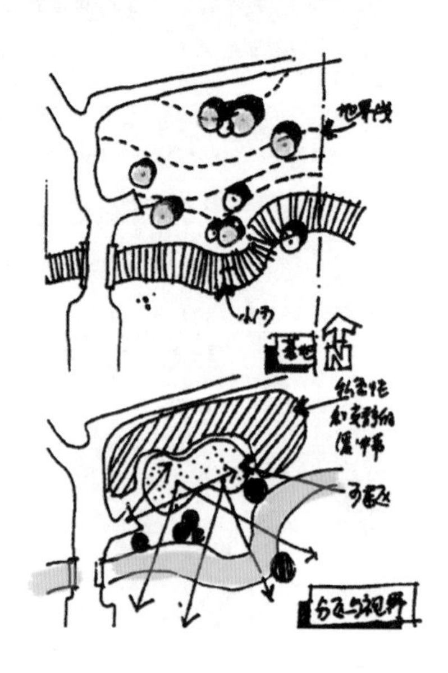

图 10.11　利用抽象图解分析设计问题

图 10.11 是对某一居住区住宅设计的基地分析，运用抽象化的图解语言来分析基地的气候、地形、视野风景要素等基地特征，以及风向、隐蔽的缓冲地带、居住建造地点等。

抽象图解

从以上的例子我们可以看到，图解分析

往往用一些简单的图形符号将复杂的问题进行抽象化处理，使得问题一目了然。进而再进行各个部分的具体分析，也可以将它们之间的关系用简单的符号加以描述。这样的思考过程使设计师思路明确，不会被复杂的问题弄得焦头烂额。这种绘制图解语言的能力是设计师必须具备的，那么应该如何绘制这种图解分析图呢？

在居住区规划设计过程中，设计者通常要绘制大量抽象的、符号性的图用以分析现状情况、对设计内容进行概括性表达，以便使他人方便地理解规划设计的具体情况、现状的条件因素、设计思路和设计意图等内容，设计者常用的这种象征和抽象的图解语言形式（符号）就是我们常说的分析图。分析图不同于表现图，它们有意采用抽象的方式，提取设计者思想的精华。设计者可用之表达自己的设计依据、原则；设计的方式方法；设计所要表达的内容；设计思想、动机和目的等许多方面的内容。

基于分析图所具有的表达特点和能力，居住区规划设计中常需绘制出各种各样的分析图，如功能结构的关系分析、道路交通情况分析、绿化景观的特点分析等，以下我们来学习居住区规划设计中几种常见分析图的绘制与表达方法。

10.2.1 居住区分析图的图示内容

要做好分析图，应明确所要分析的内容是什么，是具体的客观存在对象？还是抽象的空间形态？是不同区域的相互关系？还是分析对象的服务半径？不同的分析对象相互之间的联系与区别是什么？当然，正确的分析图是建立在主观设计合理的基础之上，这样才能用恰当的图解语言进行表达。

1. 区位分析图的图示内容

区位分析图应客观反映建设基地在城市中的位置以及与周边地区的关系，包括以下内容。

（1）地段位置。反映基地所在城市的行政区划和城市分区，如图10.12所示。

（2）周边重要道路交通关系。基地周边的城市干道、城市快速路、公路、高速公路、地铁、轻轨等对开发建设和交通组织有重要影响的道路交通设施情况。

（3）周边大型公建、基础设施及重要开发建设项目。基地周边的城市级与居住区级的公共服务与基础设施及重要的开发建设项目，如图10.13所示。

2. 基地分析图的图示内容

基地分析可分为周遭环境与基地本身环境两个部分，如图10.14所示。基地分析的主要目的是了解基地的各项有利的资源与不利的影响因素，以便在接下来的规划设计中，能够避开不利的因素而充分利用好的资源。基地分析的主要内容包括以下几方面。

（1）基地土地使用现状。

（2）基地内现存建筑物或景观，哪些是可利用、可保留的，哪些是应加以改善或移除的。

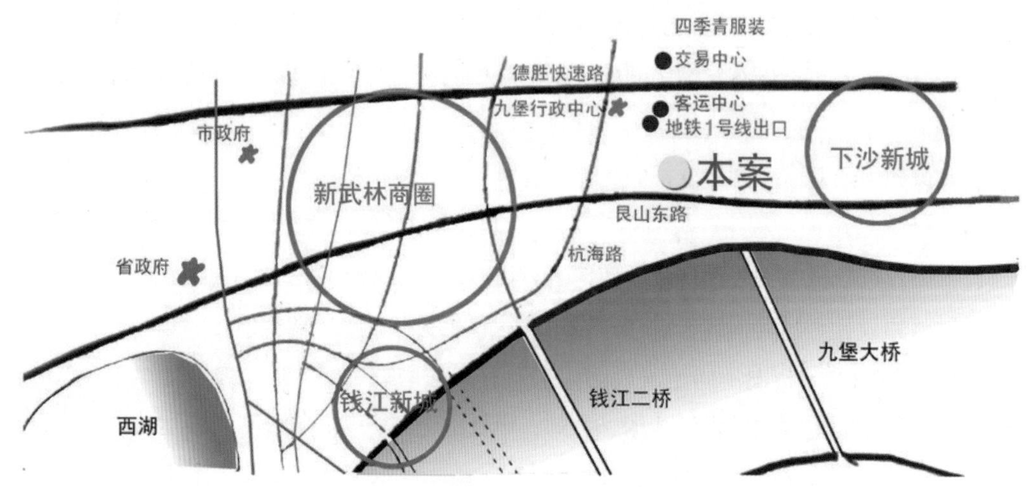

图 10.12　杭州九堡圣奥 · 领寓居住区区位分析图

基本区位分析

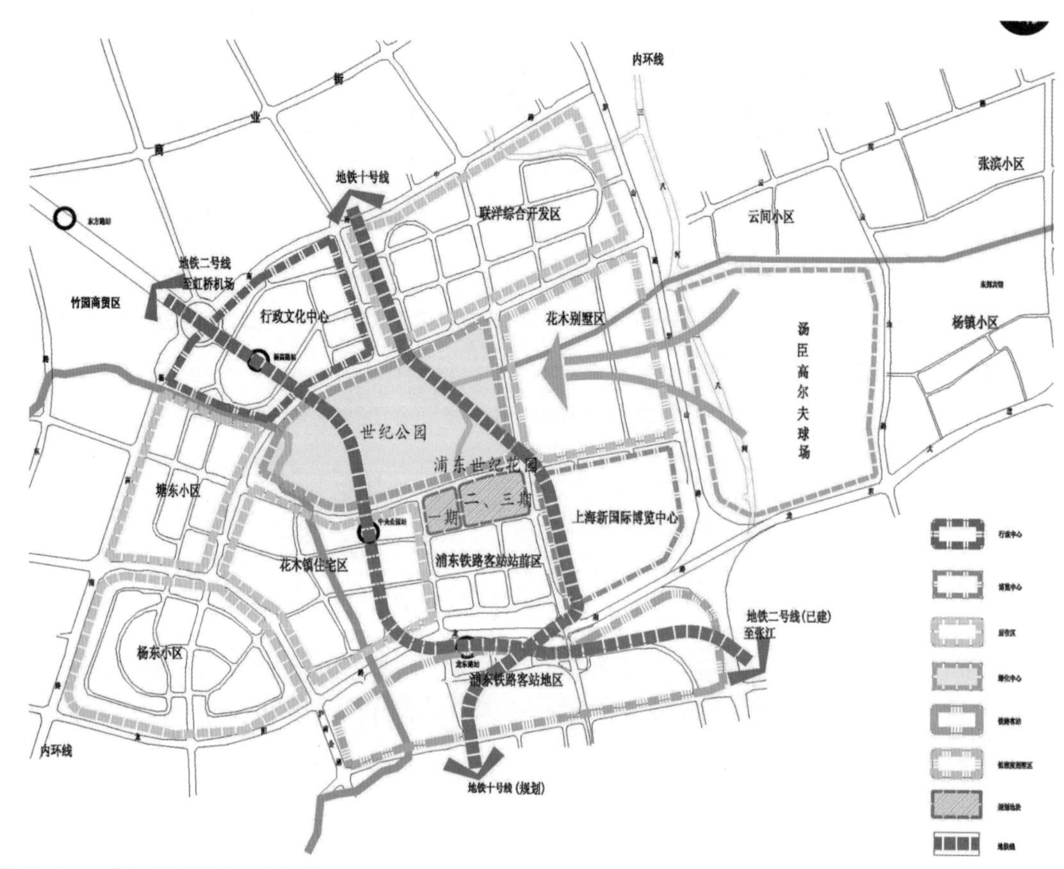

图 10.13　浦东世纪花园区位分析图

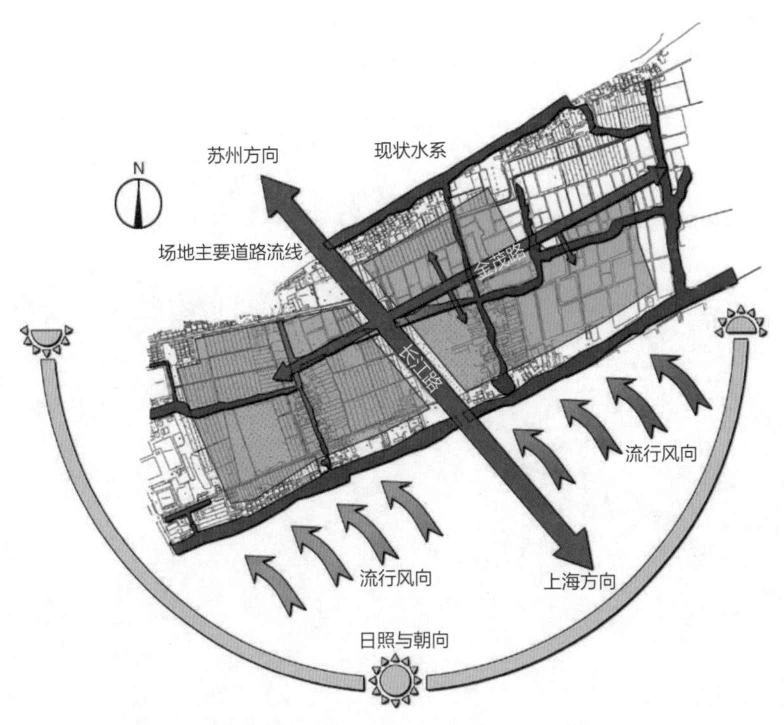

基地分析

图10.14 某居住区基地分析图

（3）气候因素，如气温、雨量、风、日照、湿度等。

（4）基地内外的交通状况。

（5）地形及地质因素，基地内地势的高低、水源的位置、基地外邻近基地的地表水等，这将影响到居住区将来的排水方向及景观水景的设置。

（6）自然资源，基地上或基地附近可供利用的景观资源或可供借景的视觉景观，如山水风景、古树名木、地质纹理等。

3. 功能结构分析图的图示内容

居住区规划设计的总体布局结构是否合理，是评价设计优劣的一条重要依据。功能结构分析图应全面明确地表达规划基地的各类用地功能分区关系、动静分区和社区构成，开放空间与封闭空间的关系，以及基地与周边的功能关系、空间关系等，如图10.15和图10.16所示。

4. 道路交通分析图的图示内容

道路交通系统在居住区规划设计中是支撑规划结构的重要因素，具有像人体中的骨骼系统的整体支撑和循环系统的能量流动的双重作用。道路交通分析图应明确表现出居住区出入口的位置和数量，各道路的等级，人车分流情况（即车行和步行各自的主要路线），以及各类停车场地、广场的位置和规模等，如图10.17、图10.18所示。

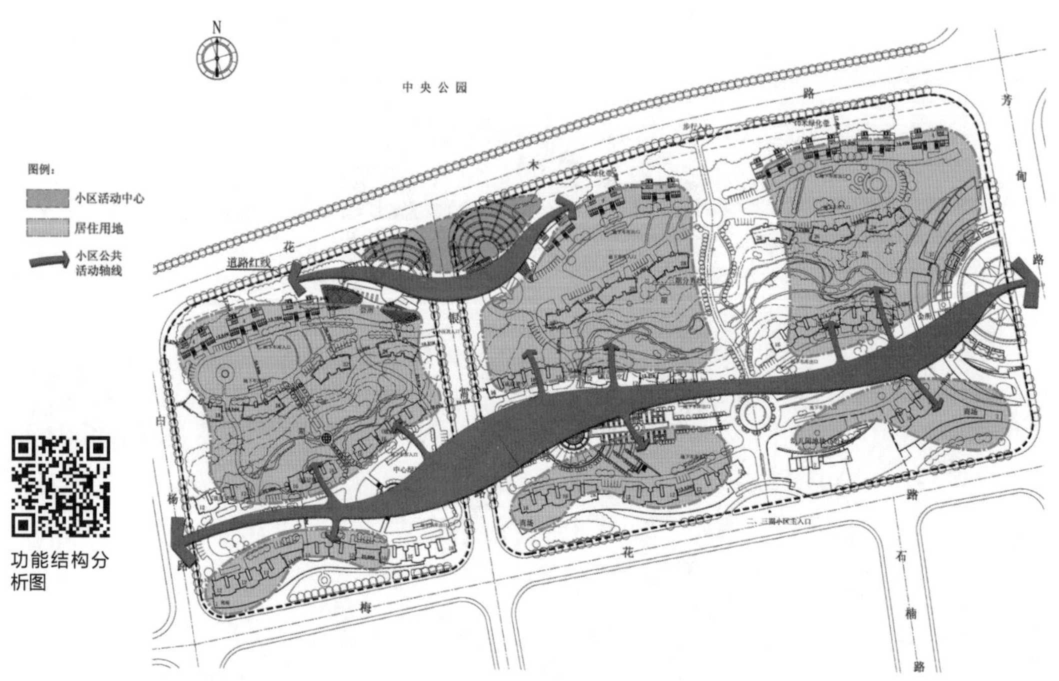

图 10.15　浦东世纪花园功能结构分析图

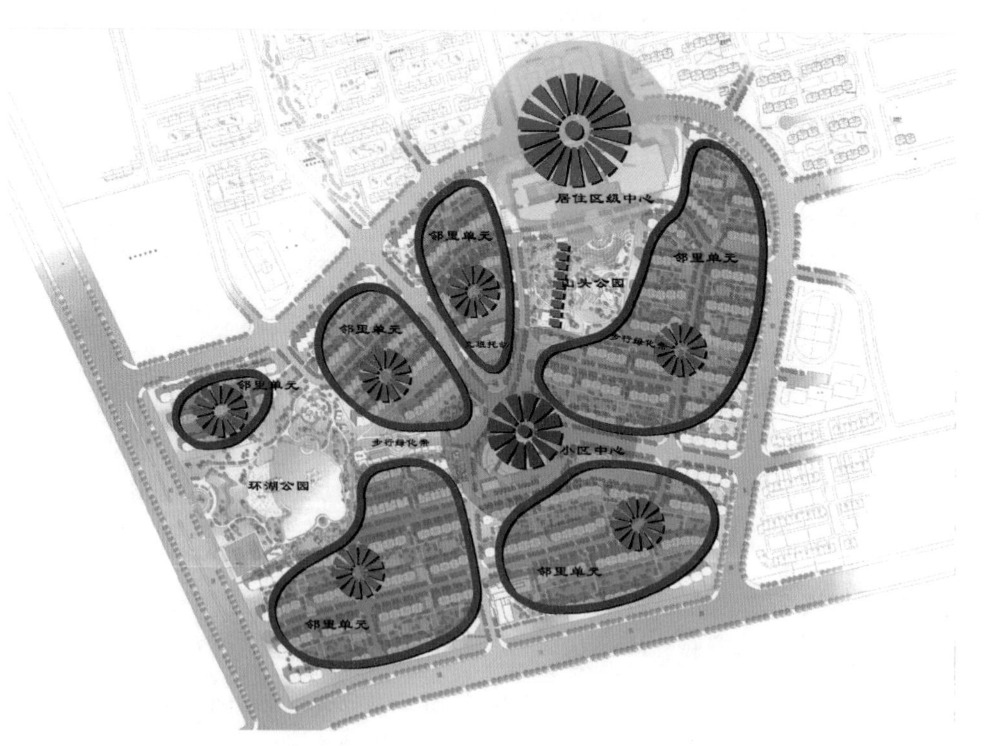

图 10.16　某居住区功能结构分析图

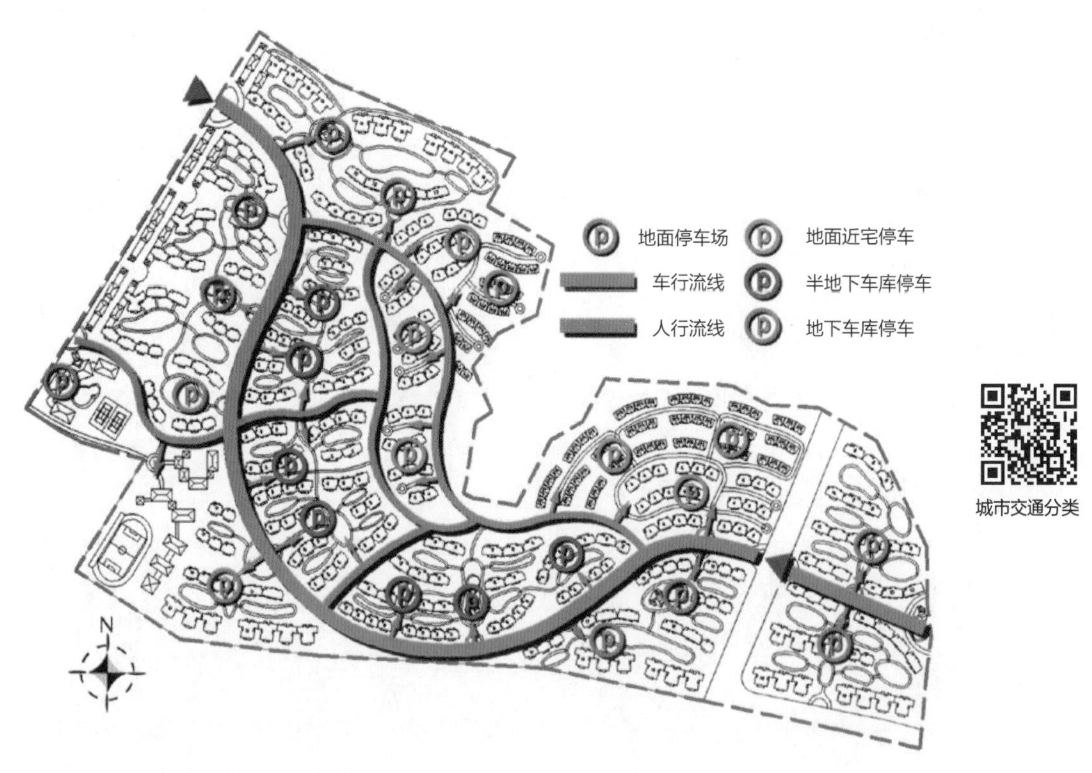

图 10.17　某居住区道路交通分析图

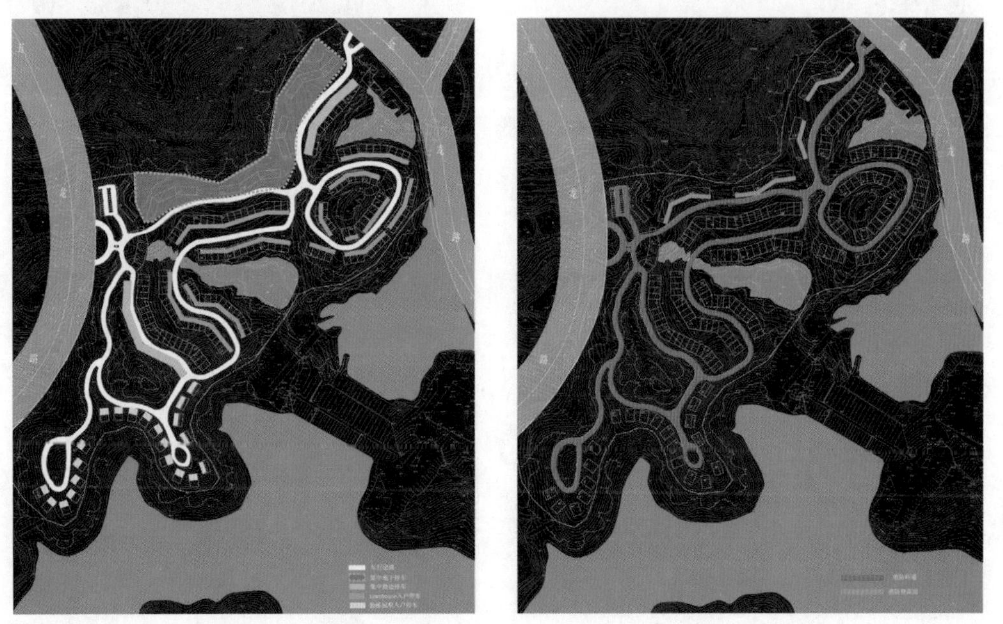

图 10.18　水榭花都道路交通流线图与消防流线分析图

5. 绿化景观系统分析图的图示内容

对于一个居住区规划方案来说，能否塑造一个良好的城市居住景观环境，也是设计者和公众所关心的问题。绿化景观系统分析图应明确表现居住区内各类绿地景观的范围、功能结构和系统的空间关系，如点、线、面的关系等，如图 10.19～图 10.21 所示。

特别提示

按分析图绘制目的的不同，可分为过程分析图和结果分析图两种。

过程分析图是设计者在设计思考的过程中，随手勾画出来的草图，这些图可以很潦草，有的只有作者本人能够明白，是设计者思维活动过程的体现，如图 10.22 所示。其目的是帮助设计者思考。只要去翻阅一下达·芬奇的速写本，我们就可以深刻领会到其魅力所在，这些看似杂乱无章的线条和图形，把当时达·芬奇的设计思考过程一一再现。从中我们可以看到思维的跳跃、演进，一切都是轻松而随意的。

结果分析图是用来与他人交流的，是希望观者欣赏和理解的，主要目的是传达作者的思路，表达设计者的目的。

城市景观组成

图 10.19　南宁相思湖核心区绿化系统分析图

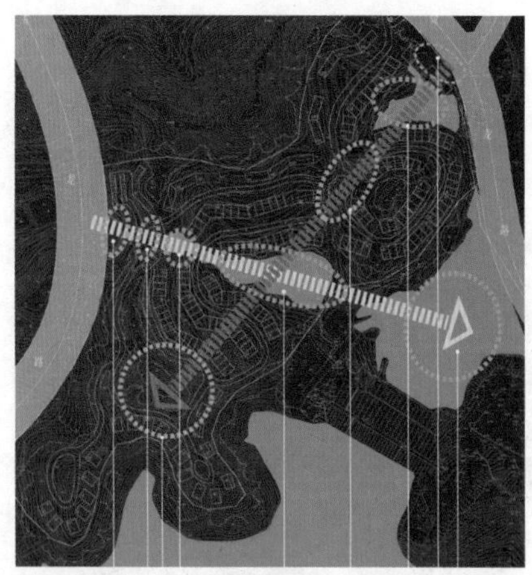

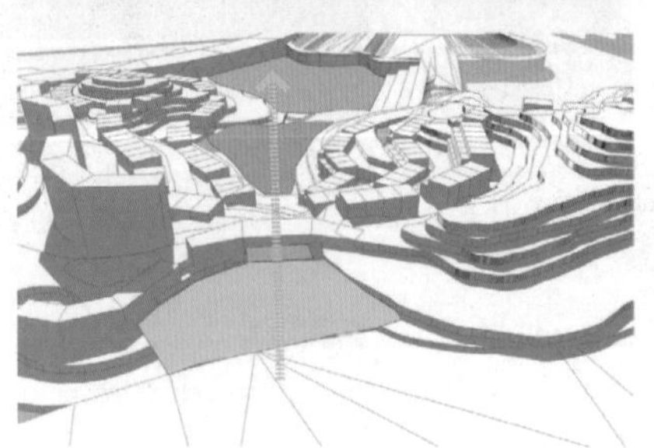

图 10.20　水榭花都景观主轴分析图

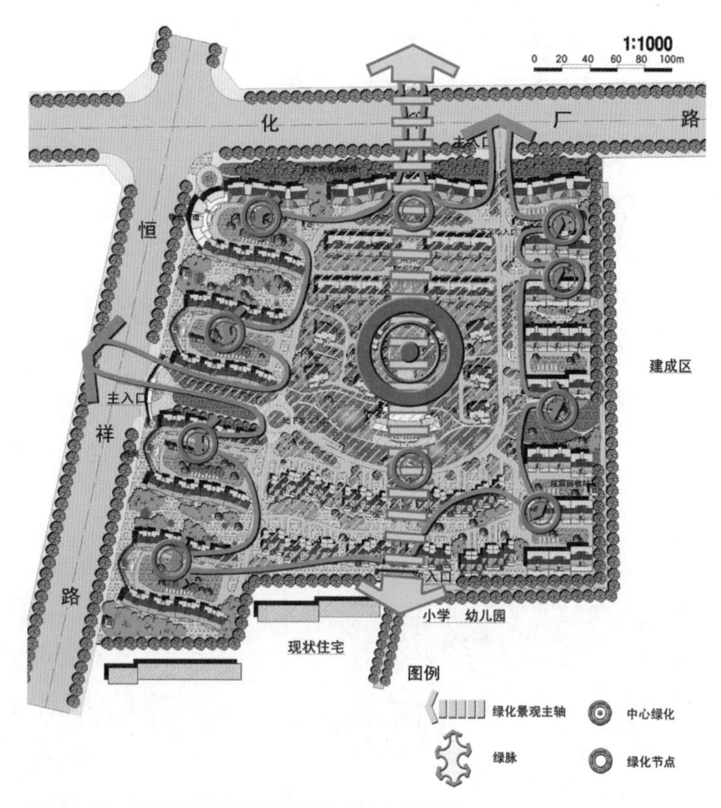

图 10.21　保定恒祥城市花园景观绿化分析图

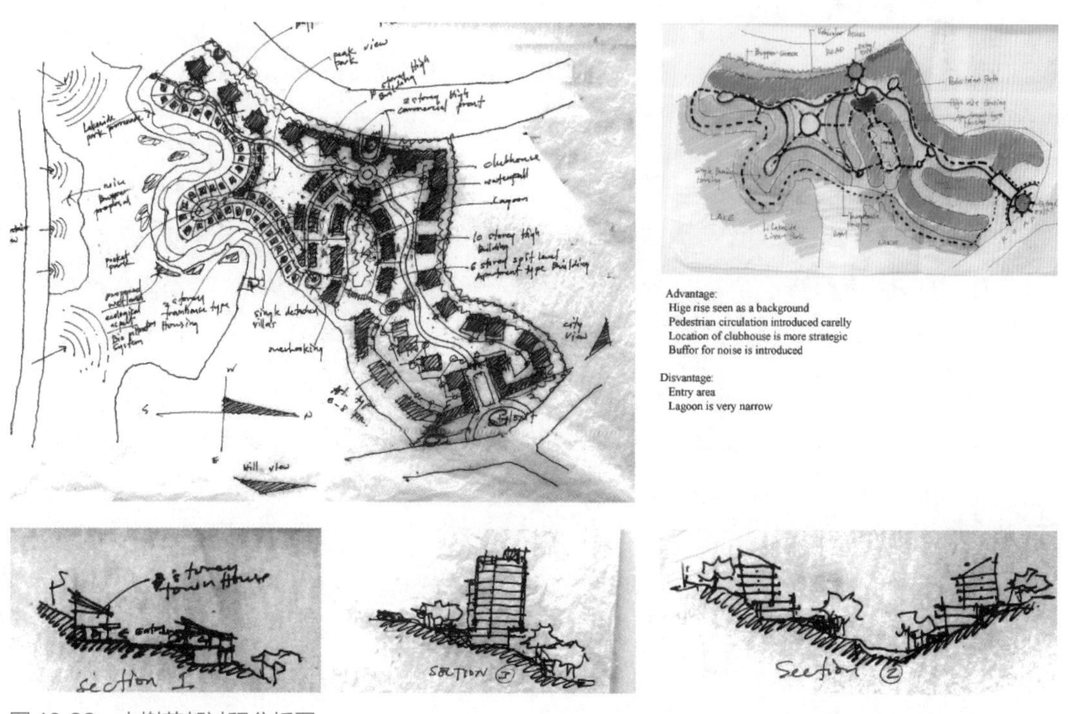

图 10.22　水榭花都过程分析图

10.2.2 居住区分析图的绘制方法

掌握设计分析图的绘制是设计师表达自己的设计思想，并充分与他人交流的一个重要途径。分析图的绘制方法主要从以下几个方面入手。

1. 掌握绘制分析图的图解语言

设计分析图是以图形、图像说话，以图形、图像概括表达设计构思，这就是通常所谓的图解语言。图解语言并没有严格的形式，每一个设计者都可根据自己的习惯理解运用和创造各种形式的图解符号。但有一些符号表达一种固定的含义，是为大家所共识的和约定俗成的。就规划设计分析图的图解语言来说，它的语法可理解为是由图解词汇“本体”“相互关系”“修饰”等组成，如图10.23所示。本体相当于口语语言中的名词；相互关系相当于动词，在本体之间建立联系；修饰词相当于形容词和副词，描述本体与本体关系的性质和程度。在规划设计中，以符号表示本体的方法为数众多，同一性质的本体用共同的符号、大小、颜色表示，不同的组群功能用不同的本体加以区别，但是一张分析图中本体符号一般不要超过5个。本体之间不同的关系可用多种类型的线条和箭头（相互关系的符号）表示。各本体及相互关系可以用许多技巧来加以修饰，圆圈和连线加重表示重要程度的等级，长划线或虚线传达了更微弱的联系或较不重要的元素。

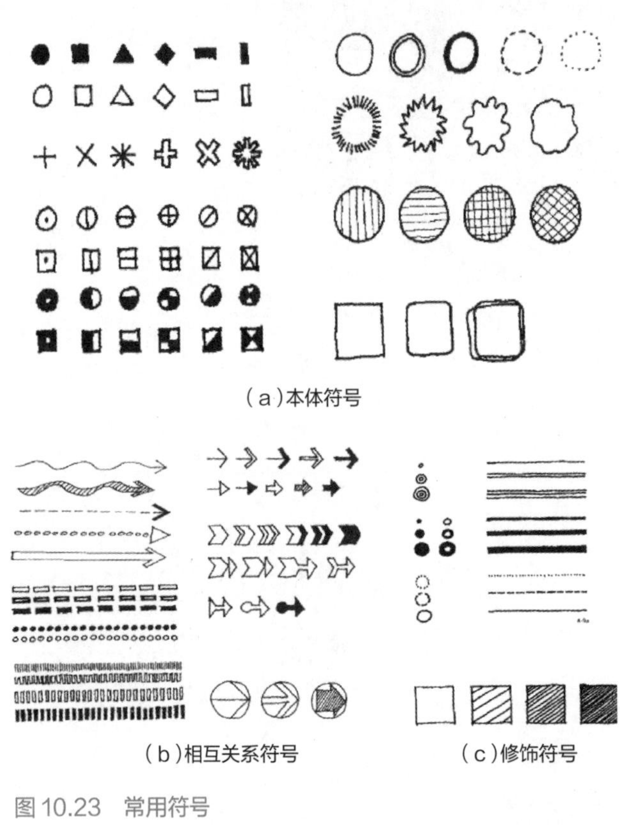

（a）本体符号

（b）相互关系符号　　（c）修饰符号

图10.23　常用符号

如图10.24所示为分析图组织关系。本体用圆圈表示，关系用线表示，修饰词用变化的圆圈表示（粗线表示更重要的关系，阴影表示本体的差别）。

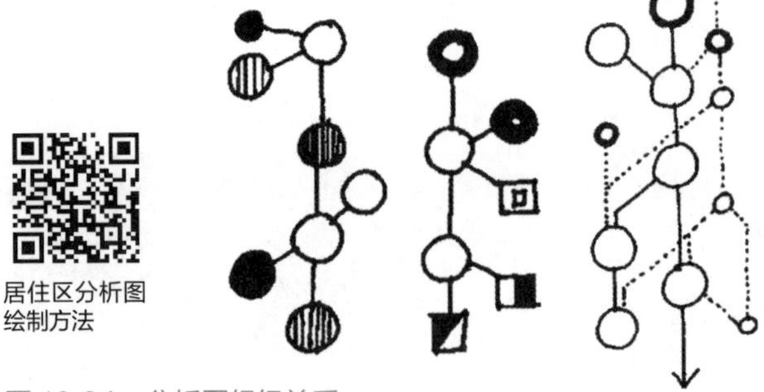

图10.24　分析图组织关系

2. 用恰当的图解语言绘制分析图

一般本体的符号用来表现一定的实体，如建筑、广场及明确的空间；用相互关系的符号表示各种功能空间的相互关系及某个实体在空间上的辐射关系；修饰的符号区分空间的个性、同类显示的标识和主次个体空间的区别。

设计中常用三种符号的综合（即框图，俗称泡泡图）来绘制区位分析图、基地分析图（图 10.25）和功能结构分析图（图 10.26）；用方向感和动感很强的相互关系符号来绘制道路交通分析图（图 10.27）；用修饰词符号和带有辐射性的相互关系符号来绘制景观绿化分析图（图 10.28）。

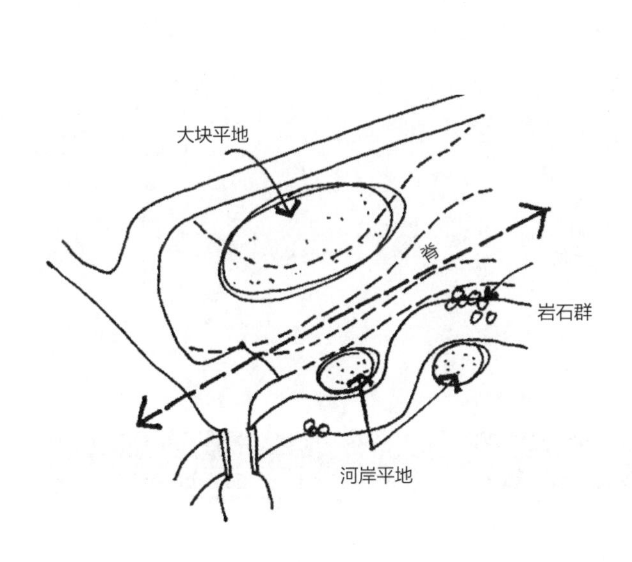

图 10.25　基地分析图

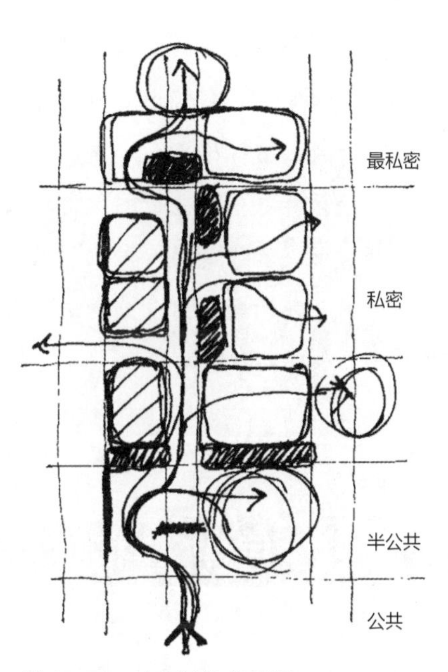

图 10.26　功能结构分析图

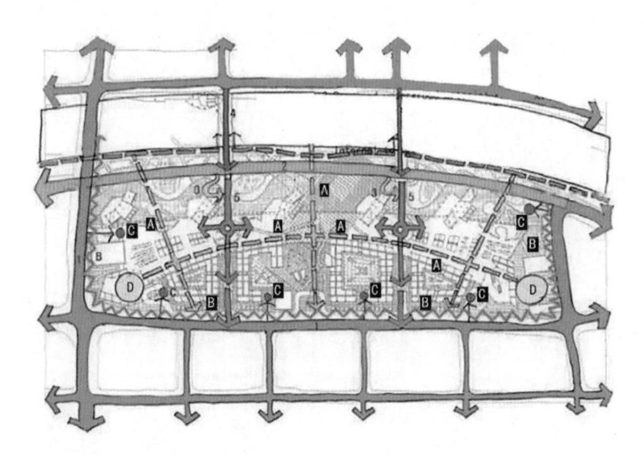

图 10.27　道路交通分析图

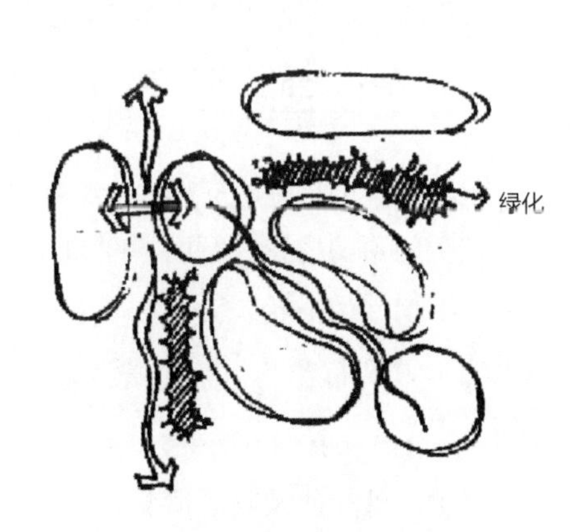

图 10.28　景观绿化分析图

分析图的绘制方法和手段是多种多样的，设计者还可根据自己的喜好和操作方便，选择各种各样的绘制方式，可黑白线条绘制也可彩色绘制，可徒手绘制也可用计算机辅助绘制。不论采用何种方法和手段，分析图必须简单、清晰，如果包含的信息太多无法一目了然，就失去了其有效性。

特别提示

方案阶段成果完成以后，分析图可以用来与其他人交流，它快速简捷地传达设计者的思路和设计的目的。

绘制分析图的目的不同，对图纸的要求也就不同，在规划设计过程中所绘制的体现思维活动的分析图，不强求具有良好的视觉效果，可以是几种内容、方法、思路的融合，只要设计者自己明白即可。

作为设计成果的分析图，要明确其表达的目的和所要说明的问题，在对客观事物的正确分析、研究和设计的基础上，用合适的表达方式表现出来，以求得最佳的分析效果。规划设计者应不断提高自身分析图的表达能力，创造新的表达方法和表达方式，发挥其独特的作用并展示其独特的魅力。

10.3 居住区户型图的绘制与表达

【引例】住宅户型平面图能够反映户型室内空间布局、功能区域的划分、家具设备的布置等内容，是让他人了解住宅在设计和使用上基本情况的重要依据，通常采用1 ：50或1 ：100的比例绘制，那么应该如何正确绘制户型图呢？

10.3.1 户型图的图示内容

（1）墙柱的位置、厚度。

（2）门窗的位置、宽度，门的开启方向。

（3）房间的形状、大小。

（4）家具布置及主要建筑设备，如浴缸、洗面盆、炉灶、厨柜、便器、污水池等的空间位置。

（5）内外交通及联系情况。

（6）各房间的用途或名称。

（7）尺寸。

（8）图名、比例。

10.3.2 户型图的绘制与表达

绘制户型图，图面所有图例符号应遵守《房屋建筑制图统一标准》GB/T 50001—2001 的有关规定，一般按以下步骤进行。

（1）定纵横方向的定位轴线，然后画出墙、柱轮廓线。

（2）定门窗洞的位置，画出相应图例。

（3）画楼梯、阳台等建筑细部构件。

（4）家具及设备的布置。

（5）标注必要的文字注释（房间名称等）。

（6）尺寸标注。

（7）图纸名称、比例。

根据上述步骤，户型的线框图即完成，如图 10.29 所示。但是如何生动地向人们展示设计师所设计户型的独特魅力，是居住区住宅建筑的精髓所在。为了让户型图更具有表现力与感染力，需要进行彩色户型图的绘制。彩色户型图一般的绘制步骤如下。

（1）填充墙体。

（2）上地面铺装的颜色（为了区分功能区，一般不同的功能区采用不同颜色铺装）。

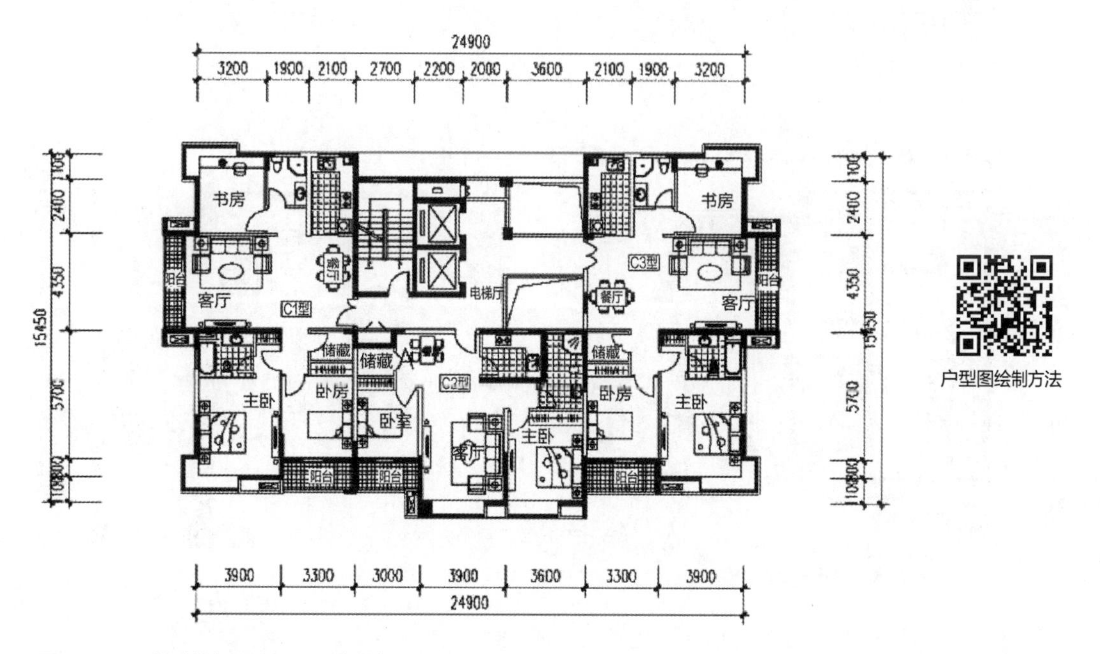

图 10.29　户型线框图（CAD 绘制）

（3）上家具颜色（计算机辅助制图，可以直接调用图库里现成的家具平面图）。

彩色户型图绘制完成。

为了让户型的特色一目了然，设计者还可以在户型图旁边配以文字说明或者户型局部透视图，如图 10.30 所示。

户型图可以把不同的户型拼合在一起来展现，如图 10.31 所示，也可以把不同的户型拆分开来单独展现，如图 10.32 所示。

彩色户型图的绘制简单，绘制时应注意色彩明快、流线清晰、功能明确。绘制方法可以采用计算机辅助绘制，也可以采用手绘，如图 10.32 所示。

C 户型

C1 137.02 m² 三房二厅二卫 套内面积 115.51 m² 实用率 84.30%
C2 89.48 m² 二房二厅一卫 套内面积 75.43 m² 实用率 84.30%
C3 135.73 m² 三房二厅二卫 套内面积 114.42 m² 实用率 84.30%

○ 客厅外接超宽阳台，风、阳光成为室内空间的精灵，让心灵尽情释放和舒展。

○ 每个卧室都带有很大的凸窗，朝向阳光和绿地，给您风景满屋。

○ 全明设计，阳光随时散漫全身。

（a）局部透视图

（b）户型图

图 10.30　彩色户型图（CAD+PS 绘制）

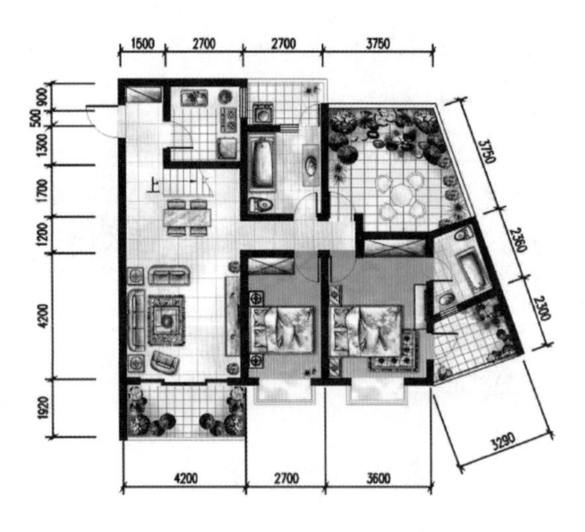

图 10.31　彩色户型图（CAD+PS 绘制）

图 10.32　彩色户型图（徒手绘制）

特别提示

随着计算机辅助设计技术应用的日益发展，户型图的表现也越来越趋于立体和华丽，三维虚拟户型图（图10.33）以其真实模拟室内三维空间而被广大客户所喜爱。

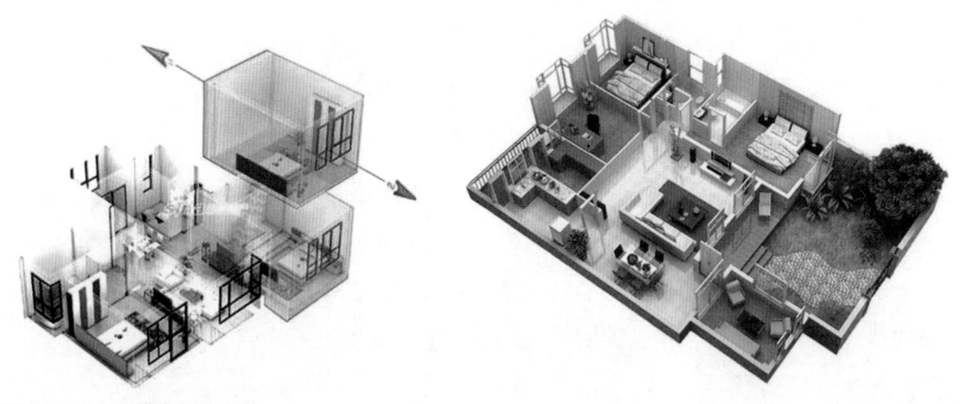

图10.33 三维虚拟户型图

10.4 居住区效果图的绘制与表达

【引例】所谓效果图就是通过一定的表现技法，把施工后的实际效果用真实和直观的视图表现出来，让大家能够一目了然地看到施工后的实际效果。

设计师要把居住区规划的设计构思形象化地传递给他人，就必须通过效果图来表现。效果图具有强烈的三维空间透视感，非常直观地表现了居住区住宅的造型、体量、色彩和居住区空间布置及外部环境。一幅具有强烈感染力的效果图，除了能很好地表达设计师的构思意图和设计最终的效果外，往往还能起到吸引他人注意力，并将他人吸引到设计者所构思的意境中去。设计投标中，效果图最为甲方所关注，它提供了竣工后的效果，有着先入为主的感染力。在行业竞争异常激烈的今天，效果图有着举足轻重的作用。

绘制效果图时，如何将设计师独特的构思表现出来？如何才能达到突出主题、彰显构想的目的？

10.4.1 效果图的绘制原则

效果图具有的直观性、真实性、艺术性，使其在设计表达上享有独特的地位和价值。它作为表达和叙述设计意图的工具，是专业人员与非专业人员沟通的桥梁。在商业领域，设计效果图的优劣直接关系竞争的成败。

效果图的表现手法多种多样，有钢笔淡彩表现、马克比表现、计算机辅助设计表现等。随着计算机时代的到来，运用3DMAX、SKETCHUP等绘图软件辅助绘制效果图占有越来越大的比例。各种表现手法各具特色，但它们都依据素描、色彩、透视、构图等绘画知识，是具有科学性、具象性的专业绘画形式。作为效果表现图，其绘制原则如下。

1. 准确性

准确性是效果图的生命线，绝不能脱离实际的尺寸而随心所欲地改变形体和空间的限定，或者完全背离客观的设计内容而主观片面地追求画面的某种“艺术趣味”，或者错误地理解设计意图，表现出的效果与原设计相去甚远。准确性始终是第一的。

2. 真实性

造型表现要素符合规律，明确表示室内外建筑材料的质感、色彩、植物特点等，空间气氛营造真实，形体光影、色彩的处理遵从透视学和色彩学的基本规律与规范。灯光色彩、绿化及人物点缀诸方面也都必须符合设计师所设计的效果和气氛。

3. 艺术性

一幅建筑效果图的艺术魅力必须建立在真实性和科学性的基础之上，也必须建立在造型艺术严格的基本功训练基础上。色彩训练、构图、质感、光感调子的表现，空间气氛的营造，点、线、面构成规律的运用，视觉图形的感受等方法与技巧必然增强表现图的艺术感染力。在真实的前提下合理地适度夸张、概括与取舍也是必要的。罗列所有的细节只能给人以繁杂，不分主次的面面俱到只能给人以平淡。选择最佳的表现角度、最佳的光线配置、最佳的环境气氛，本身就是一种创造，也是设计自身的进一步深化。

10.4.2 鸟瞰图的绘制与表达

效果图中鸟瞰图的绘制传统上采用钢笔淡彩来绘制，如图10.34所示。目前普遍采用计算机辅助绘制，如图10.35、图10.36所示，透视准确、材质表现清晰，更加接近于真实现状。并且其最大的优点是便于修改，这有利于设计师迅速优化设计方案，最终做出比较理性的选择。

居住区整体鸟瞰图除表现居住区本身外，还应表现出周围环境，如周围道路交通情况、周围城市景观、周围的山体水系等。

10.4.3 局部效果图的绘制与表达

居住区局部效果图的绘制目前两种表现手法都比较常用，设计师可以根据自己的特长加以选择。绘制时注意透视视角的选择，一般当要表现的区域较大时，最好选择俯视角度，如图10.37所示；区域较小时，最好选择反映空间接近于人的真实感觉的两点透视，如图10.38所示。

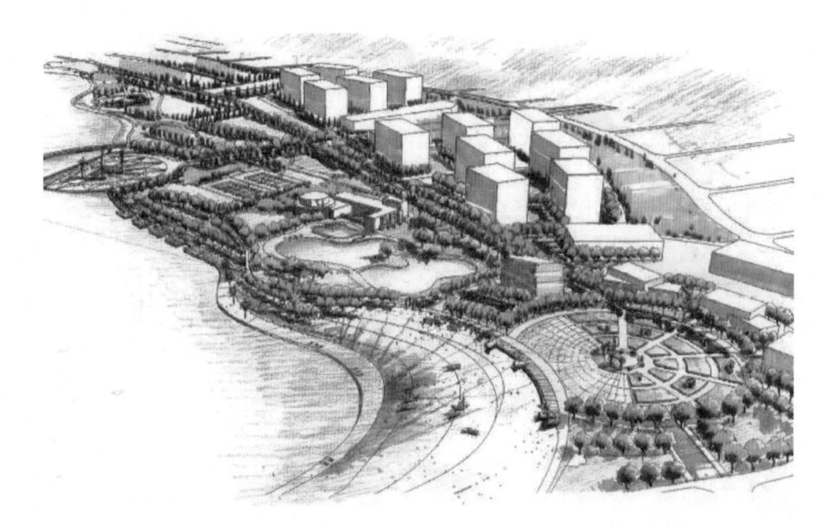

鸟瞰图制作方法

图 10.34 居住区鸟瞰图（徒手绘制）

图 10.35 某居住区鸟瞰图（3DMAX+PS 绘制）

图 10.36 中国台湾花莲市居住区鸟瞰图（设计师：BIG 事务所）

图 10.37　某小区局部景观效果图（俯视）

图 10.38　某小区局部景观效果图（两点透视）

景观效果图

绘制效果图时要注意以下两点。

（1）无论采用一点透视、两点透视或多点透视，都要求其在尺度、比例上尽可能准确地反映居住区的形象。

（2）注意“近大远小、近清楚远模糊、近写实远写意”的透视法原则，以达到效果图的空间感、层次感、真实感。

特别提示

在居住区规划设计过程中，我们需要的是一种丰富的形象思维和缜密的抽象思维的综合多元思维方法，其主要的表现特征与形式就是效果图，效果图有助于空间效果的感受力。

效果图分设计初期的快速表现图和设计后期的正式效果表现图。

快速表现图用快速简约的方法将设计者瞬间产生的灵感迅速在图纸上记录下来，表现抽象出的空间，又成为启发创作的催化剂，激发设计者的灵感，并加强设计者对空间的想象能力以反复推敲方案。

正式效果表现图是设计成果的一种视觉传达与交流的语言，是对未来场景的预见，要求具有很强的真实性。正因如此，计算机效果图以其超逼真的效果大受人们的青睐，是非专业人士都能读懂的艺术作品。手绘效果图的真实程度很难与计算机效果图相媲美，但这并不意味着手绘效果图就没有市场，在画面效果和写意方面，手绘技法永远存在它的魅力，这也是计算机辅助绘图无法比拟的。

10.5 居住区规划设计说明书

【引例】大部分的设计者经常习惯在全部的规划成果图纸完成以后来撰写设计说明，那么设计说明应该撰写哪些内容呢?

规划设计说明书是对设计进行解释与说明的文字材料，内容是分析现状、论证规划意图等，一般包含的内容有以下几方面。

1. 区位分析

区位分析应表述出基地在城市中的位置以及与周边地区的关系，包括以下几方面内容。

（1）地段位置。

（2）周边重要道路交通关系。

（3）周边大型公共建筑、基础设施及重要开发建设项目。

2. 现状条件分析

现状条件分析应深入地反映基地的地理条件、土地利用、建设及保护制约条件等，包括以下几方面内容。

（1）基地的地形地貌、工程地质和水文地质。

（2）土地利用现状。

（3）建筑、道路、绿化、工程管线等基础设施。

（4）历史文化名胜、风景名胜保护。

（5）重要城市设施（如机场、堤防）对用地的建设限制。

3. 规划总体设计

提出规划总体设计的指导原则、总体构思的规划组织结构类型等，包括以下几方面内容。

（1）规划原则和总体构思。

（2）规划用地布局。

（3）规划路网和交通设施布局。

（4）规划建筑布局。

（5）规划场地布局。

（6）空间组织及环境设计。

4. 道路交通规划

（1）道路规划。

（2）交通规划。

5. 绿地系统规划及景观特色

（1）对基地中公共绿地、宅旁绿地、配套公共建筑附属绿地和道路绿地等四类绿地规划的布置。

（2）景观空间的设计特色。

6. 公共服务设施和市政公用设施规划

（1）文化、教育、体育、医疗卫生、商业服务、金融、邮政、环境卫生、社会福利、行政管理等设施。

（2）供变电设施、电信设施、给水排水设施、垃圾及污水处理设施、煤气调压站等设施。

7. 管线综合规划

（1）城市供水、排水、供电、供气、供热、电信、综合信息网及有线广播电视网等地上、地下管网、线网、无线网等工程。

（2）污水处理等环保设施工程。

（3）城市防洪排涝设施工程。

（4）上述工程的附属设施、建（构）筑物等工程。

8. 竖向规划

（1）复杂地形地貌的基地，原有地形地貌的利用。

（2）确定道路控制高程和进行土石方平衡等。

9. 技术经济指标

一般应包括综合技术经济指标、户型表、工程量及投资估算。

特别提示

居住区规划设计时必须贯彻国家节约能源的政策，在规划开始之初就要考虑节能环保措施，体现在设计说明书里的内容主要有以下几点。

1. 总体规划方面

朝向、间距、良好的自然通风、立体绿化系统、其他。

2. 单体设计方面

小体型系数、良好的穿堂风、窗墙比、遮阳结构、围护结构采取的保温隔热措施等。

3. 围护结构保温隔热措施及热工性能指标

居住区规划设计说明书可以单独列出，也可以不单独列出，在图纸部分结合规划设计图进行说明。

模块小结

本模块对居住区规划设计主要成果的绘制与表达做了较详细的阐述，包括成果的图示内容、绘制步骤和表达方法。

居住区总平面的绘制与表达包括总平面的图示内容、CAD的绘制、彩图绘制与表达。

居住区分析图的绘制与表达主要包括分析图的图示内容、掌握并用恰当的图解语言绘制等。

最后，对居住区规划说明书主要内容进行了概括。

本模块的教学目标是通过案例对具体内容进行讲解，使学生具备用不同手段绘制居住区规划成果的技能。

综合实训

完成居住区规划设计正式成果，图纸成果表现形式不限，图纸内容如下。

1. 总平面图1∶500～1∶1000（重点表达建筑形态和环境设计）

（1）场地四邻原有及规划道路的位置和主要建筑物及构筑物的位置、名称、层数。

（2）标明基地内的道路、景观及休闲设施的布置示意；小品、停车位和出入口的位置等。

（3）指北针或风玫瑰图。

2. 效果图

（1）总体鸟瞰图、模型照片（可选）。

（2）低点透视图（2个以上，主要节点空间）。

3. 必要的反映方案特性的分析图（比例不限，要求表达清晰）

（1）区位分析图。

（2）基地分析图。

（3）功能结构分析图。

（4）道路交通分析图。

（5）景观绿化分析图。

（6）消防流线分析图。

（7）其他可表达规划设计构思的图纸。

4. 宅单体平面及立面 1：100～1：200（所有选用住宅单体平面，标注 2 道尺寸，2～3 个住宅单体立面设计，每个单体 2 个立面）

5. 户型放大图:（至少 4 种户型）1：50

6. 设计说明与主要技术经济指标

7. 规划图纸要求：彩色 A1 图纸若干张，成果图为 jpg 文件

8. 建筑制图标准《建筑制图标准》GB/T 50104—2010

参考文献

邓述平，王仲谷，1996. 居住区规划设计资料集［M］. 北京：中国建筑工业出版社.

丁成章，2003. 高密度低层住宅住区规划与建筑设计［M］. 北京：机械工业出版社.

盖尔，2002. 交往与空间［M］. 4 版 . 何人可，译 . 北京：中国建筑工业出版社.

盖尔，吉姆松，2003. 公共空间・公共生活［M］. 汤羽扬，译 . 北京：中国建筑工业出版社.

公安部天津消防研究所，公安部四川消防研究所，2014. 建筑设计防火规范：GB 50016—2014［S］. 北京：中国计划出版社.

建设部住宅产业化促进中心，2006. 居住区环境景观设计导则［M］. 北京：中国建筑工业出版社.

李和平，李浩，2004. 城市规划社会调研方法［M］. 北京：中国建筑工业出版社.

上海市公安消防总队，2014. 汽车库、修车库、停车场设计防火规范：GB 50067—2014［S］. 北京：中国计划出版社.

四川省城乡规划设计研究院，2016. 城市建设用地竖向规划规范：CJJ 83—2016［S］. 北京：中国建筑工业出版社.

吴晓，2005. 城市规划资料集：第 7 分册　城市居住区规划［M］. 北京：中国建筑工业出版社.

吴志强，李德华，2010. 城市规划原理［M］.4 版 . 北京：中国建筑工业出版社.

徐磊青，杨公侠，2002. 环境心理学：环境知觉和行为［M］. 上海：同济大学出版社.

张俊生，王敏，郑长松，2007. 精通 AutoCAD 建筑设计——典型实例、专业精讲［M］. 北京：电子工业出版社.

浙江建设厅，2003. 城市规划制图标准：CJJ/T 97—2003［S］. 北京：中国建筑工业出版社.

中国城市规划设计研究院，2018. 城市居住区规划设计标准：GB 50180—2018［S］. 北京：中国建筑工业出版社.

中国建筑科学研究院，2005. 住宅建筑规范：GB 50368—2005［S］. 北京：中国建筑工业出版社.

中国建筑设计研究院，2011. 住宅设计规范：GB 50096—2011［S］. 北京：中国建筑工业出版社.

周俭，2010. 城市住宅区规划原理［M］. 上海：同济大学出版社.

朱家瑾，2007. 居住区规划设计［M］. 北京：中国建筑工业出版社.

北京大学出版社高职高专土建系列教材书目

序号	书　　名	书　　号	编著者	定价	出版时间	配套情况
"互联网+"创新规划教材						
1	建筑构造(第二版)	978-7-301-26480-5	肖　芳	42.00	2016.1	APP/PPT/二维码
2	建筑识图与构造	978-7-301-28876-4	林秋怡等	46.00	2017.11	PPT/二维码
3	建筑构造与识图	978-7-301-27838-3	孙　伟	40.00	2017.1	APP/二维码
4	建筑装饰构造(第二版)	978-7-301-26572-7	赵志文等	39.50	2016.1	PPT/二维码
5	中外建筑史(第三版)	978-7-301-28689-0	袁新华等	42.00	2017.9	PPT/二维码
6	建筑工程概论	978-7-301-25934-4	申淑荣等	40.00	2015.8	PPT/二维码
7	市政工程概论	978-7-301-28260-1	郭　福等	46.00	2017.5	PPT/二维码
8	市政管道工程施工	978-7-301-26629-8	雷彩虹	46.00	2016.5	PPT/二维码
9	市政道路工程施工	978-7-301-26632-8	张雪丽	49.00	2016.5	PPT/二维码
10	市政工程材料检测	978-7-301-29572-2	李继伟等	44.00	2018.9	PPT/二维码
11	建筑三维平法结构图集(第二版)	978-7-301-29049-1	傅华夏	68.00	2018.1	APP
12	建筑三维平法结构识图教程(第二版)	978-7-301-29121-4	傅华夏	68.00	2018.1	APP/PPT
13	AutoCAD 建筑制图教程(第三版)	978-7-301-29036-1	郭　慧	49.00	2018.4	PPT/素材/二维码
14	BIM 应用：Revit 建筑案例教程	978-7-301-29693-6	林标锋等	58.00	2018.8	APP/PPT/二维码
15	建筑制图(第三版)	978-7-301-28411-7	高丽荣	38.00	2017.7	APP/PPT/二维码
16	建筑制图习题集(第三版)	978-7-301-27897-0	高丽荣	35.00	2017.7	APP
17	建筑工程制图与识图(第二版)	978-7-301-24408-1	白丽红	34.00	2016.8	APP/二维码
18	建筑设备基础知识与识图(第二版)	978-7-301-24586-6	靳慧征等	47.00	2016.8	二维码
19	建筑结构基础与识图	978-7-301-27215-2	周　晖	58.00	2016.9	APP/二维码
20	建筑力学(第三版)	978-7-301-28600-5	刘明晖	55.00	2017.8	PPT/二维码
21	建筑力学与结构(第三版)	978-7-301-29209-9	吴承霞等	59.50	2018.5	APP/PPT/二维码
22	建筑力学与结构(少学时版)(第二版)	978-7-301-29022-4	吴承霞等	46.00	2017.12	PPT/答案
23	建筑施工技术(第三版)	978-7-301-28575-6	陈雄辉	54.00	2018.1	PPT/二维码
24	建筑施工技术	978-7-301-28756-9	陆艳侠	58.00	2018.1	PPT/二维码
25	建筑工程施工技术(第三版)	978-7-301-27675-4	钟汉华等	66.00	2016.11	APP/二维码
26	高层建筑施工	978-7-301-28232-8	吴俊臣	65.00	2017.4	PPT/答案
27	建筑工程施工组织设计(第二版)	978-7-301-29103-0	鄢维峰等	37.00	2018.1	PPT/答案/二维码
28	建筑工程施工组织实训(第二版)	978-7-301-30176-0	鄢维峰等	41.00	2019.1	PPT/二维码
29	工程建设监理案例分析教程(第二版)	978-7-301-27864-2	刘志麟等	50.00	2017.1	PPT/二维码
30	建设工程监理概论（第三版）	978-7-301-28832-0	徐锡权等	44.00	2018.2	PPT/答案/二维码
31	建筑工程质量与安全管理(第二版)	978-7-301-27219-0	郑　伟	55.00	2016.8	PPT/二维码
32	建筑工程计量与计价——透过案例学造价(第二版)	978-7-301-23852-3	张　强	59.00	2017.1	PPT/二维码
33	城乡规划原理与设计(原城市规划原理与设计)	978-7-301-27771-3	谭婧婧等	43.00	2017.1	PPT/素材/二维码
34	建筑工程计量与计价	978-7-301-27866-6	吴育萍等	49.00	2017.1	PPT/二维码
35	建筑工程计量与计价(第三版)	978-7-301-25344-1	肖明和等	65.00	2017.1	APP/二维码
36	安装工程计量与计价(第四版)	978-7-301-16737-3	冯　钢	59.00	2018.1	PPT/答案/二维码
37	市政工程计量与计价(第三版)	978-7-301-27983-0	郭良娟等	59.00	2017.2	PPT/二维码
38	建筑施工机械(第二版)	978-7-301-28247-2	吴志强等	35.00	2017.5	PPT/答案
39	建筑工程测量(第二版)	978-7-301-28296-0	石　东等	51.00	2017.5	PPT/二维码
40	建筑工程测量(第三版)	978-7-301-29113-9	张敬伟等	49.00	2018.1	PPT/答案/二维码
41	建筑工程测量实验与实训指导(第三版)	978-7-301-29112-2	张敬伟等	29.00	2018.1	答案/二维码
42	建设工程法规(第三版)	978-7-301-29221-1	皇甫婧琪	44.00	2018.4	PPT/二维码
43	建设工程招投标与合同管理(第四版)	978-7-301-29827-5	宋春岩	42.00	2018.9	PPT/答案/试题/教案
44	工程项目招投标与合同管理(第三版)	978-7-301-28439-1	周艳冬	44.00	2017.7	PPT/二维码
45	工程项目招投标与合同管理(第三版)	978-7-301-29692-9	李洪军等	47.00	2018.8	PPT/二维码
46	建筑工程经济(第三版)	978-7-301-28723-1	张宁宁等	36.00	2017.9	PPT/答案/二维码
47	建筑工程资料管理(第二版)	978-7-301-29210-5	孙　刚等	47.00	2018.3	PPT/二维码
48	建筑材料与检测	978-7-301-28809-2	陈玉萍	44.00	2017.10	PPT/二维码
49	建筑工程材料	978-7-301-28982-2	向积波等	42.00	2018.1	PPT/二维码
50	建筑材料与检测(第二版)	978-7-301-25347-2	梅　杨等	35.00	2015.2	PPT/答案/二维码
51	建筑供配电与照明工程	978-7-301-29227-3	羊　梅	38.00	2018.2	PPT/答案/二维码
52	房地产投资分析	978-7-301-27529-0	刘永胜	47.00	2016.9	PPT/二维码

序号	书　　名	书　　号	编著者	定价	出版时间	配套情况
53	建筑工程质量事故分析(第三版)	978-7-301-29305-8	郑文新等	39.00	2018.8	PPT/二维码
54	建筑施工技术	978-7-301-29854-1	徐　淳	59.50	2018.9	APP/PPT/二维码
55	建筑施工组织设计	978-7-301-30236-1	徐运明等	43.00	2019.1	PPT/答案
56	工程地质与土力学（第三版）	978-7-301-30230-9	杨仲元	50.00	2019.2	PPT/答案/试题
57	居住区规划设计（第二版）	978-7-301-30133-3	张　燕	59.00	2019.5	PPT/二维码
“十二五”职业教育国家规划教材						
1	★建筑工程应用文写作(第二版)	978-7-301-24480-7	赵立等	50.00	2014.8	PPT
2	★土木工程实用力学(第二版)	978-7-301-24681-8	马景善	47.00	2015.7	PPT
3	★建设工程监理(第二版)	978-7-301-24490-6	斯　庆	35.00	2015.1	PPT/答案
4	★建筑节能工程与施工	978-7-301-24274-2	吴明军等	35.00	2015.5	PPT
5	★建筑工程经济(第二版)	978-7-301-24492-0	胡六星等	41.00	2014.9	PPT/答案
6	★建设工程招投标与合同管理(第四版)	978-7-301-29827-5	宋春岩	42.00	2018.9	PPT/答案/试题/教案
7	★工程造价概论	978-7-301-24696-2	周艳冬	31.00	2015.1	PPT/答案
8	★建筑工程计量与计价(第三版)	978-7-301-25344-1	肖明和等	65.00	2017.1	APP/二维码
9	★建筑工程计量与计价实训(第三版)	978-7-301-25345-8	肖明和等	29.00	2015.7	
10	★建筑装饰施工技术(第二版)	978-7-301-24482-1	王　军	37.00	2014.7	PPT
11	★工程地质与土力学(第二版)	978-7-301-24479-1	杨仲元	41.00	2014.7	PPT
基础课程						
1	建设法规及相关知识	978-7-301-22748-0	唐茂华等	34.00	2013.9	PPT
2	建筑工程法规实务(第二版)	978-7-301-26188-0	杨陈慧等	49.50	2017.6	PPT
3	建设工程法规	978-7-301-20912-7	王先恕	32.00	2012.7	PPT
4	AutoCAD 建筑绘图教程(第二版)	978-7-301-24540-8	唐英敏等	44.00	2014.7	PPT
5	建筑 CAD 项目教程(2010 版)	978-7-301-20979-0	郭　慧	38.00	2012.9	素材
6	建筑工程专业英语(第二版)	978-7-301-26597-0	吴承霞	24.00	2016.2	PPT
7	建筑工程专业英语	978-7-301-20003-2	韩薇等	24.00	2012.2	PPT
8	建筑识图与构造(第二版)	978-7-301-23774-8	郑贵超	40.00	2014.2	PPT/答案
9	房屋建筑构造	978-7-301-19883-4	李少红	26.00	2012.1	PPT
10	建筑识图	978-7-301-21893-8	邓志勇等	35.00	2013.1	PPT
11	建筑识图与房屋构造	978-7-301-22860-9	贠禄等	54.00	2013.9	PPT/答案
12	建筑构造与设计	978-7-301-23506-5	陈玉萍	38.00	2014.1	PPT/答案
13	房屋建筑构造	978-7-301-23588-1	李元玲等	45.00	2014.1	PPT
14	房屋建筑构造习题集	978-7-301-26005-0	李元玲	26.00	2015.8	PPT/答案
15	建筑构造与施工图识读	978-7-301-24470-8	南学平	52.00	2014.8	PPT
16	建筑工程识图实训教程	978-7-301-26057-9	孙　伟	32.00	2015.12	PPT
17	建筑制图习题集(第二版)	978-7-301-24571-2	白丽红	25.00	2014.8	
18	◎建筑工程制图(第二版)(附习题册)	978-7-301-21120-5	肖明和	48.00	2012.8	PPT
19	建筑制图与识图(第二版)	978-7-301-24386-2	曹雪梅	38.00	2015.8	PPT
20	建筑制图与识图习题册	978-7-301-18652-7	曹雪梅等	30.00	2011.4	
21	建筑制图与识图(第二版)	978-7-301-25834-7	李元玲	32.00	2016.9	PPT
22	建筑制图与识图习题集	978-7-301-20425-2	李元玲	24.00	2012.3	PPT
23	新编建筑工程制图	978-7-301-21140-3	方筱松	30.00	2012.8	PPT
24	新编建筑工程制图习题集	978-7-301-16834-9	方筱松	22.00	2012.8	
建筑施工类						
1	建筑工程测量	978-7-301-19992-3	潘益民	38.00	2012.2	PPT
2	建筑工程测量	978-7-301-28757-6	赵　昕	50.00	2018.1	PPT/二维码
3	建筑工程测量实训(第二版)	978-7-301-24833-1	杨凤华	34.00	2015.3	答案
4	建筑工程测量	978-7-301-22485-4	景　铎等	34.00	2013.6	PPT
5	建筑施工技术	978-7-301-19997-8	苏小梅	38.00	2012.1	PPT
6	基础工程施工	978-7-301-20917-2	董　伟等	35.00	2012.7	PPT
7	建筑施工技术实训(第二版)	978-7-301-24368-8	周晓龙	30.00	2014.7	
8	PKPM 软件的应用(第二版)	978-7-301-22625-4	王　娜等	34.00	2013.6	
9	◎建筑结构(第二版)(上册)	978-7-301-21106-9	徐锡权	41.00	2013.4	PPT/答案
10	◎建筑结构(第二版)(下册)	978-7-301-22584-4	徐锡权	42.00	2013.6	PPT/答案
11	建筑结构学习指导与技能训练(上册)	978-7-301-25929-0	徐锡权	28.00	2015.8	PPT
12	建筑结构学习指导与技能训练(下册)	978-7-301-25933-7	徐锡权	28.00	2015.8	PPT
13	建筑结构(第二版)	978-7-301-25832-3	唐春平等	48.00	2018.6	PPT
14	建筑结构基础	978-7-301-21125-0	王中发	36.00	2012.8	PPT
15	建筑结构原理及应用	978-7-301-18732-6	史美东	45.00	2012.8	PPT

序号	书　　名	书　　号	编著者	定价	出版时间	配套情况
16	建筑结构与识图	978-7-301-26935-0	相秉志	37.00	2016.2	
17	建筑力学与结构	978-7-301-20988-2	陈水广	32.00	2012.8	PPT
18	建筑力学与结构	978-7-301-23348-1	杨丽君等	44.00	2014.1	PPT
19	建筑结构与施工图	978-7-301-22188-4	朱希文等	35.00	2013.3	PPT
20	建筑材料(第二版)	978-7-301-24633-7	林祖宏	35.00	2014.8	PPT
21	建筑材料检测试验指导	978-7-301-16729-8	王美芬等	18.00	2010.10	
22	建筑材料与检测(第二版)	978-7-301-26550-5	王　辉	40.00	2016.1	PPT
23	建筑材料与检测试验指导(第二版)	978-7-301-28471-1	王　辉	23.00	2017.7	PPT
24	建筑材料选择与应用	978-7-301-21948-5	申淑荣等	39.00	2013.3	PPT
25	建筑材料检测实训	978-7-301-22317-8	申淑荣等	24.00	2013.4	
26	建筑材料	978-7-301-24208-7	任晓菲	40.00	2014.7	PPT/答案
27	建筑材料检测试验指导	978-7-301-24782-2	陈东佐等	20.00	2014.9	PPT
28	建筑工程商务标编制实训	978-7-301-20804-5	钟振宇	35.00	2012.7	PPT
29	◎地基与基础(第二版)	978-7-301-23304-7	肖明和等	42.00	2013.11	PPT/答案
30	地基与基础实训	978-7-301-23174-6	肖明和等	25.00	2013.10	PPT
31	土力学与地基基础	978-7-301-23675-8	叶火炎等	35.00	2014.1	PPT
32	土力学与基础工程	978-7-301-23590-4	宁培淋等	32.00	2014.1	PPT
33	土力学与地基基础	978-7-301-25525-4	陈东佐	45.00	2015.2	PPT/答案
34	建筑工程施工组织实训	978-7-301-18961-0	李源清	40.00	2011.6	PPT
35	建筑施工组织与进度控制	978-7-301-21223-3	张廷瑞	36.00	2012.9	PPT
36	建筑施工组织项目式教程	978-7-301-19901-5	杨红玉	44.00	2012.1	PPT/答案
37	钢筋混凝土工程施工与组织	978-7-301-19587-1	高　雁	32.00	2012.5	PPT
38	建筑施工工艺	978-7-301-24687-0	李源清等	49.50	2015.1	PPT/答案
		工程管理类				
1	建筑工程经济	978-7-301-24346-6	刘晓丽等	38.00	2014.7	PPT/答案
2	施工企业会计(第二版)	978-7-301-24434-0	辛艳红等	36.00	2014.7	PPT/答案
3	建筑工程项目管理(第二版)	978-7-301-26944-2	范红岩等	42.00	2016. 3	PPT
4	建设工程项目管理(第二版)	978-7-301-24683-2	王　辉	36.00	2014.9	PPT/答案
5	建设工程项目管理(第二版)	978-7-301-28235-9	冯松山等	45.00	2017.6	PPT
6	建筑施工组织与管理(第二版)	978-7-301-22149-5	翟丽旻等	43.00	2013.4	PPT/答案
7	建设工程合同管理	978-7-301-22612-4	刘庭江	46.00	2013.6	PPT/答案
8	建筑工程招投标与合同管理	978-7-301-16802-8	程超胜	30.00	2012.9	PPT
9	建设工程招投标与合同管理实务	978-7-301-20404-7	杨云会等	42.00	2012.4	PPT/答案/习题
10	工程招投标与合同管理	978-7-301-17455-5	文新平	37.00	2012.9	PPT
11	建筑工程安全管理(第 2 版)	978-7-301-25480-6	宋　健等	42.00	2015.8	PPT/答案
12	施工项目质量与安全管理	978-7-301-21275-2	钟汉华	45.00	2012.10	PPT/答案
13	工程造价控制(第 2 版)	978-7-301-24594-1	斯　庆	32.00	2014.8	PPT/答案
14	工程造价管理(第二版)	978-7-301-27050-9	徐锡权等	44.00	2016.5	PPT
15	建筑工程造价管理	978-7-301-20360-6	柴　琦等	27.00	2012.3	PPT
16	工程造价管理(第 2 版)	978-7-301-28269-4	曾　浩等	38.00	2017.5	PPT/答案
17	工程造价案例分析	978-7-301-22985-9	甄　凤	30.00	2013.8	PPT
18	建设工程造价控制与管理	978-7-301-24273-5	胡芳珍等	38.00	2014.6	PPT/答案
19	◎建筑工程造价	978-7-301-21892-1	孙咏梅	40.00	2013.2	PPT
20	建筑工程计量与计价	978-7-301-26570-3	杨建林	46.00	2016.1	PPT
21	建筑工程计量与计价综合实训	978-7-301-23568-3	龚小兰	28.00	2014.1	
22	建筑工程估价	978-7-301-22802-9	张　英	43.00	2013.8	PPT
23	安装工程计量与计价综合实训	978-7-301-23294-1	成春燕	49.00	2013.10	素材
24	建筑安装工程计量与计价	978-7-301-26004-3	景巧玲等	56.00	2016.1	PPT
25	建筑安装工程计量与计价实训(第二版)	978-7-301-25683-1	景巧玲等	36.00	2015.7	
26	建筑水电安装工程计量与计价(第二版)	978-7-301-26329-7	陈连姝	51.00	2016.1	PPT
27	建筑与装饰装修工程工程量清单(第二版)	978-7-301-25753-1	翟丽旻等	36.00	2015.5	PPT
28	建设项目评估(第二版)	978-7-301-28708-8	高志云等	38.00	2017.9	PPT
29	钢筋工程清单编制	978-7-301-20114-5	贾莲英	36.00	2012.2	PPT
30	建筑装饰工程预算(第二版)	978-7-301-25801-9	范菊雨	44.00	2015.7	PPT
31	建筑装饰工程计量与计价	978-7-301-20055-1	李茂英	42.00	2012.2	PPT
32	建筑工程安全技术与管理实务	978-7-301-21187-8	沈万岳	48.00	2012.9	PPT
		建筑设计类				
1	建筑装饰 CAD 项目教程	978-7-301-20950-9	郭　慧	35.00	2013.1	PPT/素材

序号	书　　名	书　　号	编著者	定价	出版时间	配套情况
2	建筑设计基础	978-7-301-25961-0	周圆圆	42.00	2015.7	
3	室内设计基础	978-7-301-15613-1	李书青	32.00	2009.8	PPT
4	建筑装饰材料(第二版)	978-7-301-22356-7	焦　涛等	34.00	2013.5	PPT
5	设计构成	978-7-301-15504-2	戴碧锋	30.00	2009.8	PPT
6	设计色彩	978-7-301-21211-0	龙黎黎	46.00	2012.9	PPT
7	设计素描	978-7-301-22391-8	司马金桃	29.00	2013.4	PPT
8	建筑素描表现与创意	978-7-301-15541-7	于修国	25.00	2009.8	
9	3ds Max 效果图制作	978-7-301-22870-8	刘　晗等	45.00	2013.7	PPT
10	Photoshop 效果图后期制作	978-7-301-16073-2	脱忠伟等	52.00	2011.1	素材
11	3ds Max & V-Ray 建筑设计表现案例教程	978-7-301-25093-8	郑恩峰	40.00	2014.12	PPT
12	建筑表现技法	978-7-301-19216-0	张　峰	32.00	2011.8	PPT
13	装饰施工读图与识图	978-7-301-19991-6	杨丽君	33.00	2012.5	PPT
	规划园林类					
1	居住区景观设计	978-7-301-20587-7	张群成	47.00	2012.5	PPT
2	居住区规划设计	978-7-301-21031-4	张　燕	48.00	2012.8	PPT
3	园林植物识别与应用	978-7-301-17485-2	潘　利等	34.00	2012.9	PPT
4	园林工程施工组织管理	978-7-301-22364-2	潘　利等	35.00	2013.4	PPT
5	园林景观计算机辅助设计	978-7-301-24500-2	于化强等	48.00	2014.8	PPT
6	建筑·园林·装饰设计初步	978-7-301-24575-0	王金贵	38.00	2014.10	PPT
	房地产类					
1	房地产开发与经营(第 2 版)	978-7-301-23084-8	张建中等	33.00	2013.9	PPT/答案
2	房地产估价(第 2 版)	978-7-301-22945-3	张　勇等	35.00	2013.9	PPT/答案
3	房地产估价理论与实务	978-7-301-19327-3	褚菁晶	35.00	2011.8	PPT/答案
4	物业管理理论与实务	978-7-301-19354-9	裴艳慧	52.00	2011.9	PPT
5	房地产营销与策划	978-7-301-18731-9	应佐萍	42.00	2012.8	PPT
6	房地产投资分析与实务	978-7-301-24832-4	高志云	35.00	2014.9	PPT
7	物业管理实务	978-7-301-27163-6	胡大见	44.00	2016.6	
	市政与路桥					
1	市政工程施工图案例图集	978-7-301-24824-9	陈亿琳	43.00	2015.3	PDF
2	市政工程计价	978-7-301-22117-4	彭以舟等	39.00	2013.3	PPT
3	市政桥梁工程	978-7-301-16688-8	刘　江等	42.00	2010.8	PPT/素材
4	市政工程材料	978-7-301-22452-6	郑晓国	37.00	2013.5	PPT
5	道桥工程材料	978-7-301-21170-0	刘水林等	43.00	2012.9	PPT
6	路基路面工程	978-7-301-19299-3	偶昌宝等	34.00	2011.8	PPT/素材
7	道路工程技术	978-7-301-19363-1	刘　雨等	33.00	2011.12	PPT
8	城市道路设计与施工	978-7-301-21947-8	吴颖峰	39.00	2013.1	PPT
9	建筑给排水工程技术	978-7-301-25224-6	刘　芳等	46.00	2014.12	PPT
10	建筑给水排水工程	978-7-301-20047-6	叶巧云	38.00	2012.2	PPT
11	数字测图技术	978-7-301-22656-8	赵　红	36.00	2013.6	PPT
12	数字测图技术实训指导	978-7-301-22679-7	赵　红	27.00	2013.6	PPT
13	道路工程测量(含技能训练手册)	978-7-301-21967-6	田树涛等	45.00	2013.2	PPT
14	道路工程识图与 AutoCAD	978-7-301-26210-8	王容玲等	35.00	2016.1	PPT
	交通运输类					
1	桥梁施工与维护	978-7-301-23834-9	梁　斌	50.00	2014.2	PPT
2	铁路轨道施工与维护	978-7-301-23524-9	梁　斌	36.00	2014.1	PPT
3	铁路轨道构造	978-7-301-23153-1	梁　斌	32.00	2013.10	PPT
4	城市公共交通运营管理	978-7-301-24108-0	张洪满	40.00	2014.5	PPT
5	城市轨道交通车站行车工作	978-7-301-24210-0	操　杰	31.00	2014.7	PPT
6	公路运输计划与调度实训教程	978-7-301-24503-3	高福军	31.00	2014.7	PPT/答案
	建筑设备类					
1	建筑设备识图与施工工艺(第 2 版)	978-7-301-25254-3	周业梅	44.00	2015.12	PPT
2	水泵与水泵站技术	978-7-301-22510-3	刘振华	40.00	2013.5	PPT
3	智能建筑环境设备自动化	978-7-301-21090-1	余志强	40.00	2012.8	PPT
4	流体力学及泵与风机	978-7-301-25279-6	王　宁等	35.00	2015.1	PPT/答案

注：为“互联网+”创新规划教材；★为“十二五”职业教育国家规划教材；◎为国家级、省级精品课程配套教材，省重点教材。相关教学资源如电子课件、习题答案、样书等可通过以下方式联系我们。